AF641862

Geophysik und Geologie

Geophysikalische Veröffentlichungen der Karl-Marx-Universität Leipzig

Herausgegeben von Prof. Dr. sc. nat. R. Lauterbach

Dritte Serie

Band II, Heft 3

Mit 52 Abbildungen und 13 Tabellen

AKADEMIE-VERLAG · BERLIN

Geophys. Veröff. KMU · Leipzig	Bd. II	H. 3	S. 1–140	1981

Die Geophysikalischen Veröffentlichungen der Karl-Marx-Universität sind die Fortsetzung zweier Schriftenreihen:

1. Veröffentlichungen des Geophysikalischen Instituts, gegründet 1913 von V. Bjerknes
2. Geophysik und Geologie, gegründet 1959 von R. Lauterbach

Sie bringen Beiträge und Berichte aus dem Bereich Physik der Erde, die mit einschlägigen Arbeiten der Karl-Marx-Universität in Zusammenhang stehen.

Für den Inhalt ihrer Beiträge sind die Autoren allein verantwortlich.

Anschrift des Herausgebers und der Redaktion:
Karl-Marx-Universität, Wissenschaftsbereich Geophysik,
DDR-7010 Leipzig, Talstraße 35

Redaktion: Dipl.-Geoln. M. Meißner

Erschienen im Akademie-Verlag, DDR-1086 Berlin, Leipziger Straße 3–4
Lektor: Dipl.-Met. Heide Deutscher
© Akademie-Verlag Berlin 1981
Lizenznummer: 202 · 100/456/81
P 200/80
Gesamtherstellung: VEB Druckhaus „Maxim Gorki", 7400 Altenburg
Bestellnummer: 762 887 4 (2018/II/3) · LSV 1405
Printed in GDR
DDR 27,– M
ISSN 0138-2357

Inhalt

Geophys. u. Geol. Geophys. Veröff. d. KMU Leipzig Bd. II H. 3 S. 5—15 Berlin 1981

Zur zwei- und dreidimensionalen modellseismischen Bearbeitung geologischer Strukturen

F. JACOBS, H. MEYER und H. GAERTNER[1]

Zusammenfassung: Verfahren der numerischen Modellseismik und der Ultraschall-Modellseismik gewinnen in zunehmendem Maße an Bedeutung bei der Interpretation seismischer Erkundungen. Es werden einige Resultate der zwei- und dreidimensionalen Modellseismik vorgestellt. Grundprinzip der Modellierungen ist die profilmäßige Erfassung von Struktureffekten. Aus der Profilmessung schräg zum Streichen bzw. in der Nähe der Brennebene einer Struktur lassen sich Schlußfolgerungen für die Interpretation seismischer Meßergebnisse ableiten.

1. *Einführung*

Von einer detaillierten Interpretation seismischer Feldmessungen wird erwartet, daß auf der Grundlage bestimmter kinematischer Parameter die Konstruktion des Abbilds der geologischen Struktur möglichst genau erfolgt. Hinzu kommt die zunehmende Nutzung dynamischer Parameter, um eine Aussage über die stoffliche Zusammensetzung des Untergrundes treffen zu können. All das setzt voraus, daß das Verhalten des seismischen Wellenfeldes in Abhängigkeit vom geologischen Untergrund bekannt ist.

Die geologische Situation in den Erkundungsgebieten wird durch z. T. komplizierte räumliche Strukturen charakterisiert, deren Schichtgrenzen sowohl geneigt als auch gekrümmt sein können. Zur besseren Erfassung der räumlichen Struktur des Untergrundes werden in der Praxis zunehmend verschiedene Möglichkeiten untersucht, die seismische Reflexionsmethode durch eine flächenhafte Anordnung von Schuß- und Geophonpunkten mit anschließender dreidimensionaler Bearbeitung effektiver zu machen.

Die in dieser Arbeit vorgestellten Modellierungen sind der konventionellen Feldtechnologie angepaßt (Profilmessung). Durch die Einbeziehung echter räumlicher Strukturmodelle und einer asymmetrischen Profilanlage (schräg zum Streichen) kann der strukturelle Einfluß sowohl auf die Laufzeit als auch auf die Amplitude untersucht werden. Mit dieser Erweiterung bekannter Modellierungsverfahren (z. B. JACOBS 1977) kann eine noch wirksamere Unterstützung der Interpretation seismischer Meßergebnisse erreicht werden.

Die experimentelle Modellierung mit Ultraschall (Ultraschall-Modellseismik) ist bei der Umsetzung und Überprüfung der mathematischen Berechnungen eine wertvolle Hilfe. Durch geeignete dreidimensionale Modelle lassen sich bestimmte Struktureffekte besonders gut sichtbar machen und dienen wiederum als Interpretationshilfe.

[1] Anschriften der Verfasser:
Dr. sc. F. JACOBS, Dr. H. MEYER, Karl-Marx-Universität, Sektion Physik, Wissenschaftsbereich Geophysik, DDR-7010 Leipzig, Talstraße 35;
Dr. H. GAERTNER, VEB Geophysik Leipzig, DDR-7010 Leipzig, Schließfach 370.

2. *Methodik der numerischen Modellseismik*

Die immer stärker in den Vordergrund tretende Notwendigkeit der möglichst exakten numerischen Abschätzung seismischer Ausbreitungsprozesse in realen Medien hat zu einer Vielzahl von Methoden und Verfahren geführt.

Ausgehend von den Wellengleichungen ist eine rechnerische Behandlung sowohl über das Denkmodell „Welle" als auch über das Denkmodell „Strahl" möglich. Beide Betrachtungsweisen sind äquivalent. Im Grenzfall kurzer Wellen unterscheidet sich die Ausbreitung verschiedener Wellentypen wie Schall, Licht, elastische Wellen, Materiewellen weder prinzipiell voneinander noch von der Ausbreitung mechanischer Teilchen. Das Streben nach möglichst günstiger Anpassung der Berechnungsverfahren an die wahren, im Untergrund ablaufenden Ausbreitungsprozesse hat vielfach zu Kombinationen oder Verzahnungen beider Grundyorstellungen geführt. Der Versuch einer Klassifizierung könnte folgendermaßen aussehen:

1. Wellenmethoden (Reflektivitätsmethoden).
   Sie gehen auf eine formale Lösung der Bewegungsgleichung zurück und stellen eine Wellenzahl-Integration des Reflexions- bzw. Reflektivitätskoeffizienten dar (Fuchs 1968, Richards 1971).

2. Strahlenmethoden.
   Es handelt sich im Prinzip um Wellenfeldzerlegungen in Anteile, von denen jeder einem bestimmten Strahl oder Strahlenbüschel von der Quelle zum Empfänger zugeordnet ist. Dazu gehören
   a) die klassischen Rekursivverfahren (Baranov und Kunetz 1960, Trorey 1962, Treitel und Robinson 1966),
   b) die Strahlenfeldmethoden (Červeny 1972, Červeny, Molotkov und Pšenčik 1977),
   c) die exakten oder generalisierten Strahlenmethoden (Müller 1968),
   d) die strahlengeometrischen Methoden (Jacobs 1977).

   Eine gewisse Sonderstellung nehmen schließlich

3. Verfahren der numerischen Direktintegration ein, die sich der Methode der finiten Differenzen bedienen (Alterman und Karal 1968, Landers und Claerbout 1972).

Das in Abschnitt 3 und 4 der vorliegenden Arbeit verwendete Verfahren DISA basiert auf den Prinzipien der strahlengeometrischen Optik.

Es gelten insbesondere das Extremprinzip von Fermat und das Brechungsgesetz von Snellius. Neben kinematischen Parametern werden durch Zusatzoperationen die dynamischen Einflüsse realer Medien berücksichtigt. Beim DISA-Verfahren wird der Verlauf jedes Einzelstrahles abschnittsweise von einer brechenden bzw. reflektierenden Grenzfläche zur anderen verfolgt (Schritt-für-Schritt-Simulierung). Der geologische Untergrund kann in Form 2- oder 3-dimensionaler gekrümmter oder ebener Schichtgrenzen modelliert werden. Die Grenzen werden als Kollektive von Einzelpunkten vorgegeben. Sie teilen Bereiche unterschiedlicher Ausbreitungsgeschwindigkeiten (und ggf. Absorption und Dichte) ab.

Die seismischen Geschwindigkeiten können als Konstanten, Gradienten oder als kombinierte Geschwindigkeitsfunktionen (KGF) eingegeben werden.

Wird neben kinematischen Ergebnissen auch eine dynamische Aussage angestrebt, so ist weiterhin die Eingabe der schichtweisen Verteilung der Dichte und des Absorptionskoeffizienten sowie der initialen Signalform notwendig. Als Finalformen können Laufzeit- und Amplitudenentfernungskurven, Strahlenwegdiagramme, Isochronen- und Isoamplitudenpläne sowie kinematische und dynamische theoretische Seismogramme gewonnen werden.

Besondere Vorzüge des DISA-Verfahrens bestehen in der Berücksichtigung beliebig vorgebbarer Anregungs- und Beobachtungssysteme, der wahlfreien Realisierung von Multiplenkombinationen, der Bestimmung der reflektierenden bzw. brechenden Grenzflächen durch gewichtete Ausgleichsrechnung und der Einbeziehung der dynamischen Parameter Absorption, Divergenz sowie der Reflexions- und Transmissionskoeffizienten.

Der Algorithmus für das Programm KIRCHFAR basiert auf dem KIRCHHOFFschen Integralsatz und ist in den Arbeiten von MATVEENKO (1974, 1977) beschrieben. Neben der Divergenz berücksichtigt das Programm Reflexionskoeffizienten, die im Ausgangsmodell für jede Grenze variabel vorgegeben werden können. Die Berechnung der Laufzeiten erfolgt unter Nutzung von Durchschnittsgeschwindigkeiten. Die Brechung an Geschwindigkeitsgrenzen 1. Ordnung wird nicht berücksichtigt.

Wesentlicher Unterschied zu den Berechnungen nach DISA ist die Modellierung von Beugungserscheinungen. Diese sind in engem Zusammenhang mit den die FRESNELsche Zone charakterisierenden Parametern Wellenlänge λ und Tiefe des Reflektors h zu sehen. Das bedeutet ein schnelleres Abklingen der Diffraktionswellen in geringeren Tiefen, bestärkt durch die dort infolge geringerer Geschwindigkeiten auftretenden kleineren Wellenlängen.

3. *Ergebnisse zweidimensionaler Strukturberechnungen*

Die in Abb. 1 dargestellte (synthetische) Struktur enthält zwei charakteristische Elemente — eine gekrümmte und eine geneigte Schichtgrenze. Die gekrümmte Schichtgrenze wird durch eine angeschnittene Ellipse mit einer Maximalamplitude von 900 m und einer Erstreckung in X-Richtung von 10000 m dargestellt.

Abb. 1 zeigt gleichzeitig das von dieser Struktur berechnete t_0-Seismogramm. Die einzelnen Spuren ergeben sich aus den in sich reflektierten Strahlen, d. h., Schußpunkt und Geophonpunkt fallen zusammen (Lotstrahlreflexion). Der Abstand von Punkt zu Punkt beträgt 500 m. Neben den Reflexionen von den Schichtgrenzen *1*—*4* wurde noch die interne Multiple 212 einbezogen.

Die berechneten Phasenachsen *1* und *2* weisen eine modellgetreue Form aus, d. h. horizontaler bzw. gekrümmter Verlauf im t_0-Seismogramm. Die Multiple erscheint mit einem stärkeren Krümmungsradius und schneidet auf der linken Seite die Reflexion von der 3. Schichtgrenze. Durch die Antiklinalstruktur im Deckgebirge treten in den Reflexionen von den linearen Grenzen *3* und *4* Krümmungen auf. Diese können bei Nichtbeachten des Hangendeffekts zu Fehlinterpretationen führen.

Der auf Abb. 2 gezeigte Zeitschnitt hat ebenfalls das in Abb. 1 dargestellte Modell zur Grundlage und wurde mit dem Rechenprogramm KIRCHFAR modelliert, das auf der Summierung der von diskreten Punkten der Reflexionsgrenzen ausgehenden Diffraktionswellenfronten (Huygens'sches Prinzip) beruht. Die von den charakteristischen Punkten des Reflektors *2* zu erwartenden Beugungswellen sind in Abb. 2 deutlich

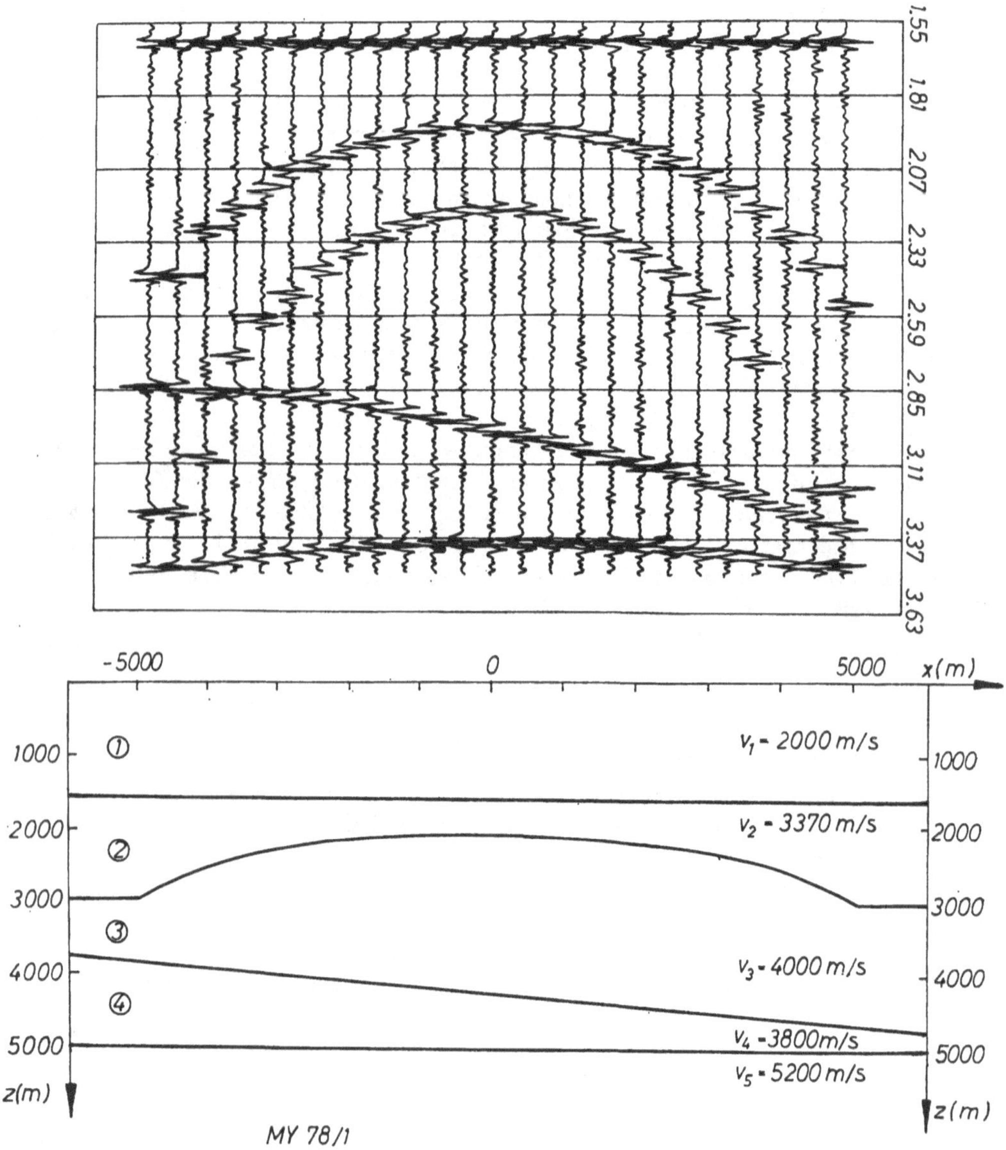

Abb. 1. Modell MY 78/1 mit t_0-Seismogramm.
Darstellung der reellen Reflexionen und interne Multiple 212. Berechnet nach DISA-Methode

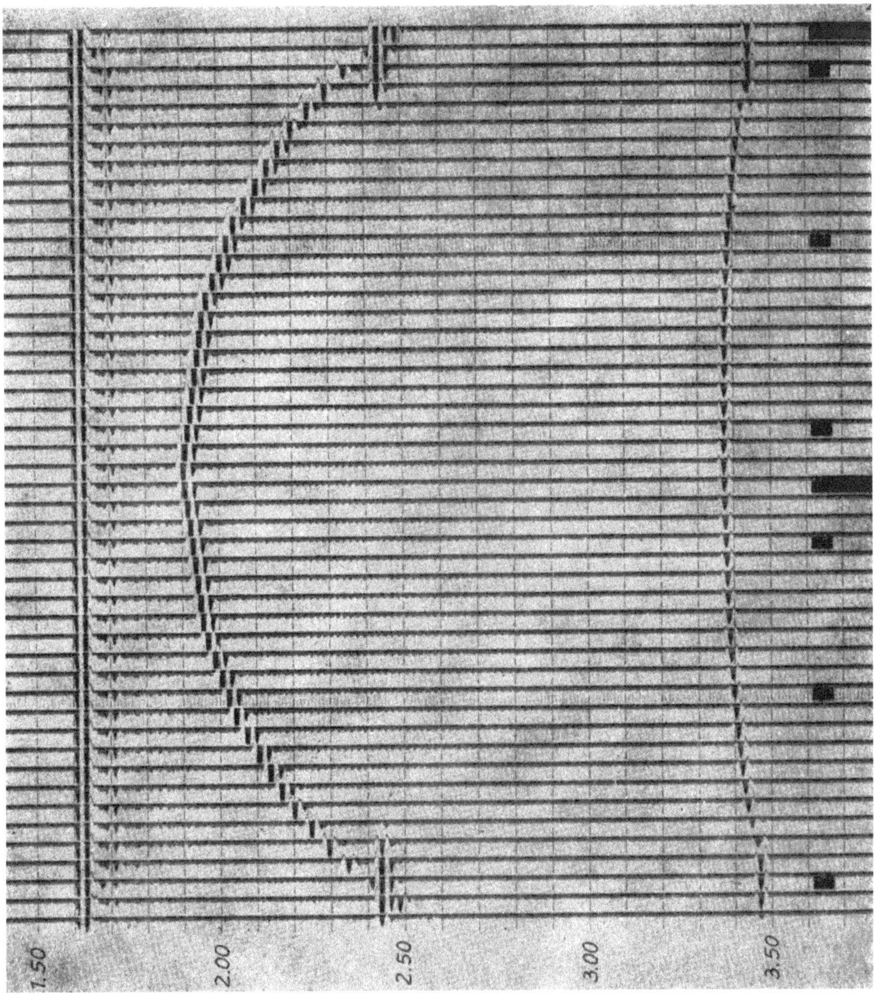

Abb. 2. Modell MY 78/1 mit t_0-Seismogramm.
Berechnet mit KIRCHFAR

erkennbar. Schichtgrenze *3* wird nicht als Reflexion sichtbar, da der Geschwindigkeitskontrast zwischen den Schichten *3* und *4* zu gering ist, um nach der Bearbeitung mit KIRCHFAR hervorzutreten. Daß das anormale Laufzeitverhalten der Reflexion von der horizontalen Grenze *4* allein durch die Inhomogenitäten im Deckgebirge bedingt ist, findet seine Bestätigung im Fehlen von Beugungswellen an den charakteristischen Stellen. Dies könnte bei der praktischen Auswertung seismischer Meßdaten als Interpretationshilfe dienen.

Abb. 3 enthält im unteren Teil ein aus verschiedenen Strukturelementen aufgebautes seismogeologisches Modell. Es wurde das im oberen Teil der Abbildung dargestellte t_0-Seismogramm unter Einschluß der Multiplen 101, 202, 212, 434 berechnet. Die Lage der Hauptreflexionen ist durch Hilfslinien im Zeitbild angedeutet. Man erkennt die

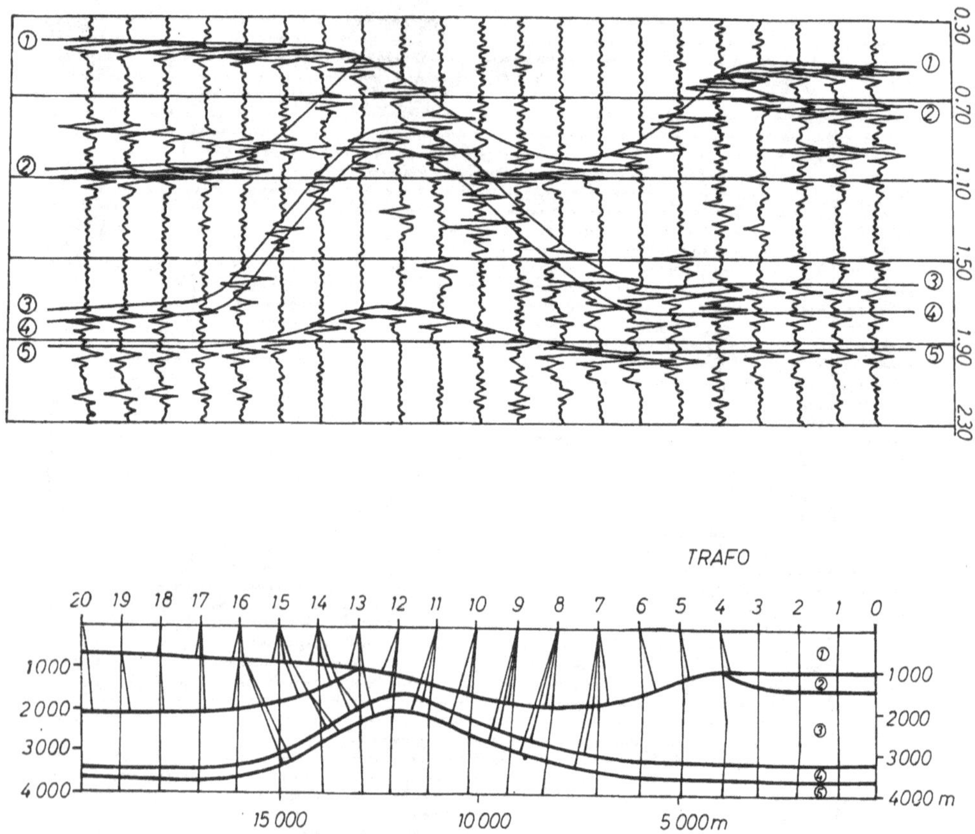

Abb. 3. Modell TRAFO und t_0-Seismogramm (reelle und multiple Reflexionen) mit eingezeichneten Laufzeitkurven

strukturelle Beeinflussung der Hangendschichten auf die ungestörte Basisreflexion sowie verschiedene durch Multipleneinfluß hervorgerufene konstruktive und destruktive Interferenzen im Schwingungsverlauf.

4. *Die Modellierung und Bearbeitung dreidimensionaler Strukturen*

Während die bisherigen Modelle nur als scheinbare dreidimensionale Strukturen zu betrachten sind (Fortsetzung der x-z-Ebene unverändert in y-Richtung), sollte an einer räumlichen Muldenstruktur (Abb. 4) das bisher nur im zweidimensionalen Fall verwendete Berechnungsverfahren (DISA) erprobt werden.

Das Modell enthält zwei Grenzflächen, eine in eine Ebene in 2600 m Tiefe eingelassene Mulde und eine horizontale Basis bei $z = 3500$ m. Die Mulde wird durch ein angeschnittenes Rotationsellipsoid mit einer Tiefe von 900 m und einem Durchmesser von 10000 m gebildet. Die Projektion des gemessenen Profils auf die Struktur ist mit einer dick ausgezogenen Linie dargestellt. Die verwendeten Geschwindigkeiten sind $v_1 = 1500$ m/s bis zur ersten Schichtgrenze und $v_2 = 1600$ m/s für die zweite Schicht.

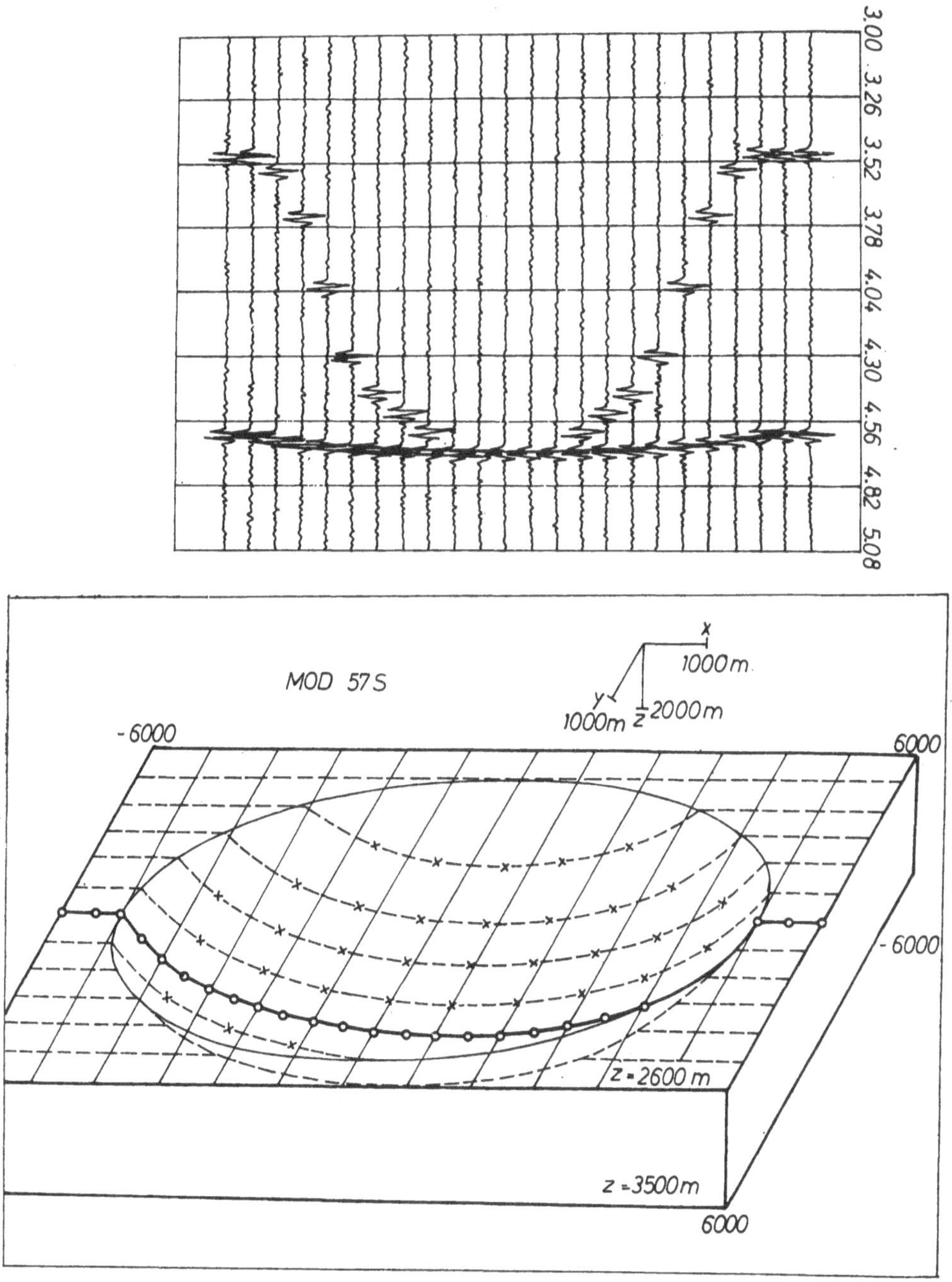

Abb. 4. Modell 57 S (angeschnittenes Rotationsellipsoid) und t_0-Seismogramm. Projektion des Profils auf die Struktur durch ausgezogene Linie angedeutet

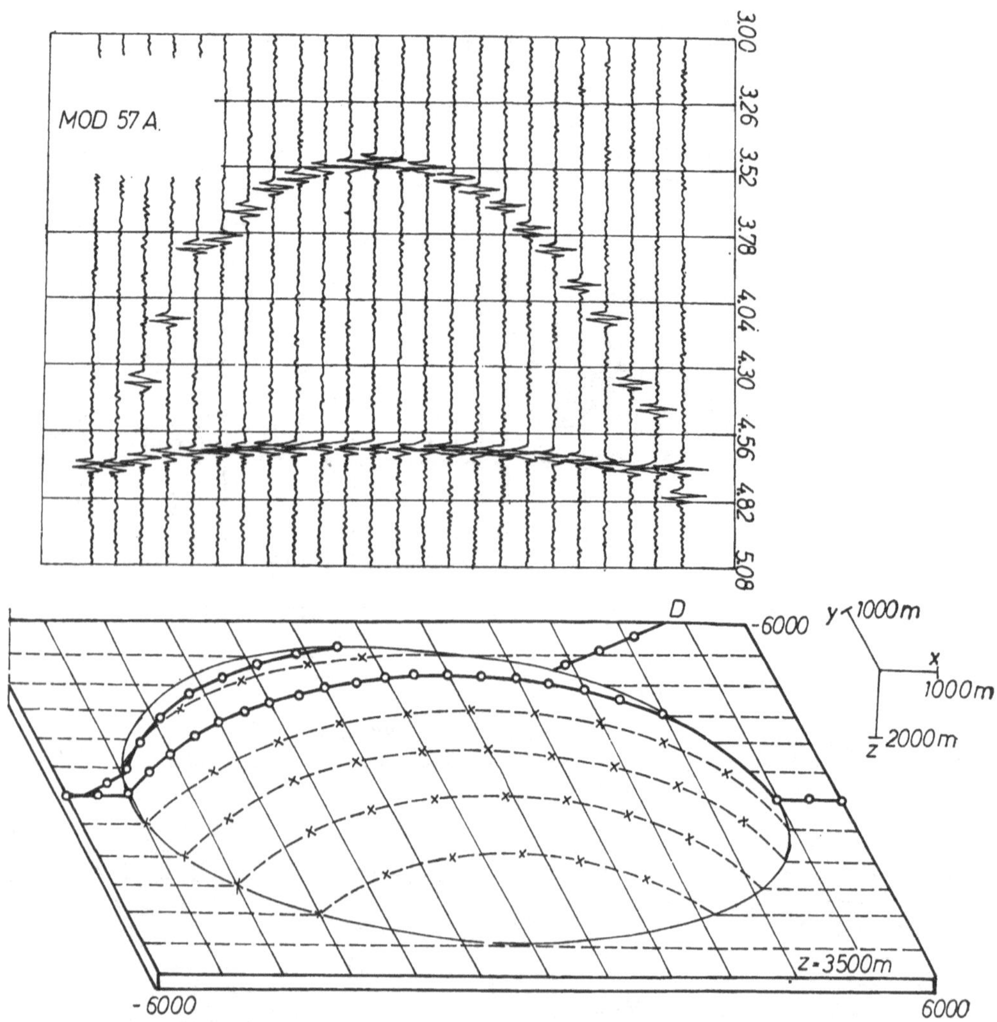

Abb. 5. Modell 57 A (angeschnittenes Rotationsellipsoid) und t_0-Seismogramm von Zentralprofil

Das im oberen Teil der Abb. 4 dargestellte t_0-Seismogramm wurde analog zu Abb. 1 gewonnen. Schuß- und Geophonpunkt wurden jeweils um 500 m auf dem Profil versetzt. Auf Grund der geringen Krümmung der Mulde im Zentralteil sind die Reflexionen von beiden Schichtgrenzen im Muldentiefsten nicht mehr zu trennen. Die Basisreflexion ist wiederum durch deckgebirgsbedingte Krümmungen gekennzeichnet.

Über einer Antiklinalstruktur (Abb. 5) mit den gleichen Dimensionen wie die Mulde in Abb. 4 wurde ebenfalls auf einem über den Zentralteil der Struktur verlaufenden Profil ein t_0-Seismogramm berechnet. Der sichtbar werdende Einfluß der Struktur auf die Basisreflexion ist mit den in Abb. 1 und 4 dargestellten Effekten zu vergleichen.

Zusätzlich wurden mit einer Weitaufstellung Laufzeiten und Amplituden in unterschiedlichen Azimuten gemessen. Die Projektion eines im Azimut von 30° verlaufenden Profils auf die Struktur ist in Abb. 5 unten dargestellt. Abb. 6 zeigt die Berechnungs-

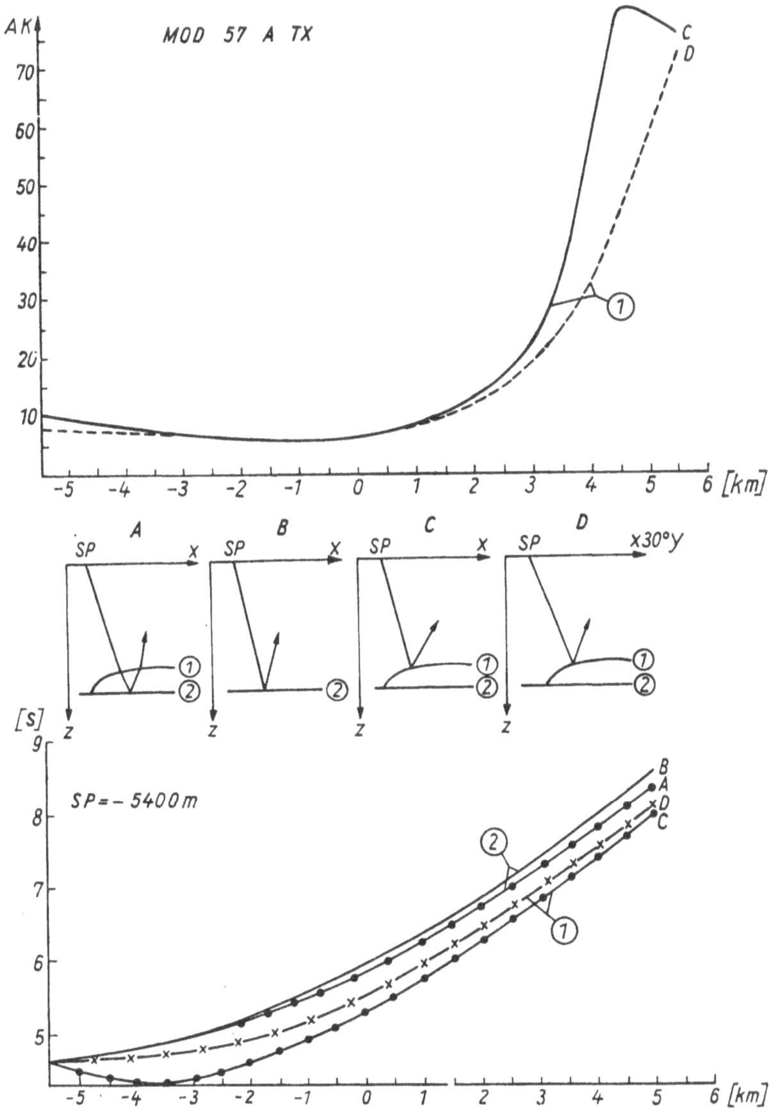

Abb. 6. Laufzeitkurven und Amplituden-Entfernungskurven von Modell 57 A bei Weitaufstellung (Profil D in Abb. 5); SP — Schußpunkt, *A*, *B*, *C*, *D* — Laufwegvarianten, *AK* — Amplitudenkoeffizienten

ergebnisse der Weitaufstellung. Der Schußpunkt befand sich 400 m außerhalb der Struktur, registriert wurde bis in eine Schußpunktentfernung von 10800 m im Abstand von 500 m. Die Schemata *A—D* verdeutlichen den unterschiedlichen Strahlenverlauf, wobei die Varianten *C* und *D* die Berechnungen in verschiedenen Azimuten darstellen. Zu beachten ist ferner, daß die Lage der Reflexionspunkte nicht identisch mit der Projektion des Profils auf die Struktur ist. Das bedeutet, daß nur der linke Teil der Struktur bis zu einer Schußpunktentfernung von ca. 5500 m erfaßt wurde.

Der Verlauf der Laufzeitkurven C und D im unteren Teil der Abb. 6 wird deutlich durch die unterschiedlichen Strukturbereiche geprägt. Da der Anteil der gegenüber dem Hangenden „schnelleren“ Struktur bei D geringer ist, tritt eine Verzögerung der Einsätze auf. B ist die Laufzeitkurve von der Basis (ohne Struktur), vor allem in größerer Schußpunktentfernung werden die erheblichen Differenzen in der Laufzeit durch den Struktureinfluß deutlich.

Die darüber dargestellten Amplituden-Entfernungskurven zeigen ein charakteristisches Verhalten, das durch den Einfluß der Struktur verstärkt wird. In Abhängigkeit von der Profillage und vom Abstrahlwinkel der „Energie“ ergibt sich ein Maximum in der

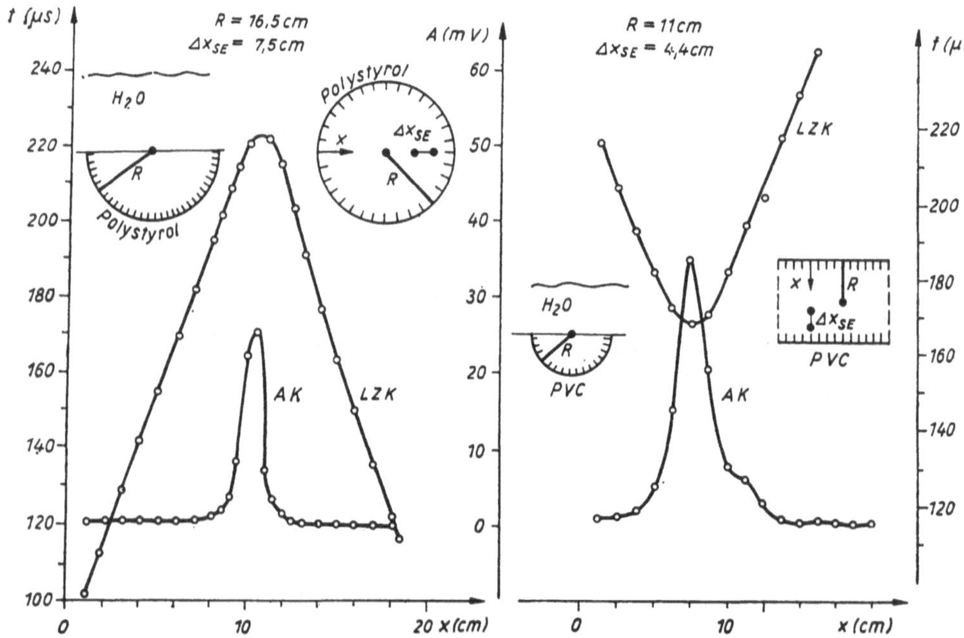

Abb. 7. Laufzeitkurven (LZK) und Amplituden-Kurven (AK) von Ultraschallmodellierungen; links: Polystyrol-Halbkugel, Öffnung nach oben; rechts: PVC-Hohlzylinder, längs halbiert, Öffnung nach oben, R — Krümmungsradius, ΔX_{SE} — Abstand Sender—Empfänger, X — Profilrichtung

Kurve, das vor allem aus dem Erreichen des kritischen Reflexionswinkels resultiert. Es ist zu erkennen, daß ab etwa 6 km Schußpunktentfernung bei dieser Modellsituation eine deutliche Überhöhung der Amplituden entsteht. Dies ist in erster Linie eine Folge des Reflexionswinkels. Die Lage (und Breite) des Maximums in der Amplitudenkurve wird aber von der Struktur beeinflußt.

Außer der mathematischen Modellierung dreidimensionaler Strukturen und der Vermessung im Streichen sowie schräg dazu sollte durch eine experimentelle Modellierung mit Hilfe von Ultraschall der Einfluß der Lage der Brennebene einer stark gekrümmten Struktur auf das Laufzeit- und Amplitudenverhalten der seismischen Wellen untersucht werden. Einige Ergebnisse sind in Abb. 7 dargestellt (s. a. GOLDMANN

1979). Die Modelle, eine Polystyrol-Halbkugel (links) und ein halbierter PVC-Hohlzylinder (rechts) wurden mit konstantem Sender-Empfänger-Abstand in x-Richtung profiliert. Im linken Teil der Abb. 7 befand sich die Meßebene 0,5 cm unterhalb der Schnittebene. Die Wellen werden dann jeweils von der Seite des Modells reflektiert, die den geringsten Abstand zum Meßsystem hat. Dadurch ergibt sich ein Maximum in der Laufzeitkurve für die Mittelposition. Rechts befand sich die Meßebene 1 cm über dem Modell, wodurch die ersten Einsätze (Reflexionen) von der Gegenseite des Modells herrühren und sich damit ein Minimum in der Laufzeitkurve ergibt. Die Amplitudenkurven zeigen in beiden Fällen sehr deutlich Fokussierungseffekte. Dadurch tritt bei einer regelmäßig gekrümmten Struktur eine besonders starke Energiekonzentration in der Brennebene auf. Die Maximalamplitude ist in Abhängigkeit von Radius und Profilentfernung unterschiedlich.

6. *Literatur*

ALTERMAN, Z.; KARAL, F. C., Propagation of elastic waves in layered media by finite difference methods. Bull. Seis. Soc. Amer. 58 (1968) 367–398.

BARANOV, V.; KUNETZ, G., Film synthétique réflexions multiples. Geophys. Prosp. 8 (1960) 315–325.

ČERVENÝ, V., Seismic rays and ray intensities in inhomogeneous anisotropic media. Geophys. J. 28 (1972) 1–13.

ČERVENÝ, C.; MOLOTKOV, I. A.; PŠENČIK, I., Ray method in seismology. Universita Karlova, Praha 1977.

FUCHS, K., Das Reflexions- und Transmissionsvermögen eines geschichteten Mediums. Z. f. Geophysik 34 (1968) 4, 389–413.

GOLDMANN, W., Ultraschallseismische Laboruntersuchungen an dreidimensionalen Modellen geologischer Strukturen. Diplomarbeit, Karl-Marx-Universität, Sektion Physik, Leipzig 1979.

JACOBS, F., Zur Lösung der direkten Aufgabe bei der Ausbreitung seismischer Wellen in inhomogenen Medien unter besonderer Berücksichtigung von erkundungsseismischen Problemstellungen auf dem Gebiet der DDR. Diss. B, Karl-Marx-Univ. Leipzig, 1977.

LANDERS, T.; CLAERBOUT, J. F., Numerical calculations of elastic waves in laterally inhomogeneous media. J. Geophys. Res. 77 (1972) 1476–1482.

MATVEENKO, G. V., Digitale Modellierung von Reflexions- und Diffraktionserscheinungen. – (russ.) Priklad. Geof. 75 (1974) 79–91.

MATVEENKO, G. V., Einschätzung der Effektivität der Reproduktion von Abbildungen von Grenzen unter Nutzung digitaler Modelle. – (russ.) Priklad. Geof. 85 (1977) 51–66.

MÜLLER, G., Theoretical seismograms for some types of point – sources in layered media. Z. f. Geophys. 34 (1968) 15–35.

RICHARDS, P. G., Elastic waves solutions in stratified media. Geophysics 36 (1971) 798–808.

TREITEL, S.; ROBINSON, E. A., Seismic wave propagation in layered media in terms of communication theory. Geophysics 31 (1966) 1, 17–32.

TROREY, A. W., Theoretical seismograms with frequency and depth dependent absorption. Geophysics 27 (1962) 6, 766–785.

Geophys. u. Geol. Geophys. Veröff. d. KMU Leipzig Bd. II H. 3 S. 17–30 Berlin 1981

Über die statistischen Eigenschaften realer Reflexionskoeffizientenfolgen

U. PATZER, E. DANCKWARDT und B. LEISSRING[1]

Zusammenfassung: Der Verteilungstyp der Reflexionskoeffizienten im sedimentären Untergrund ist für die Effektivität und Genauigkeit verschiedener wichtiger reflexionsseismischer Datenbearbeitungsverfahren von Bedeutung. An Hand des Schallhärteprofils für eine Bohrung aus der Norddeutsch-Polnischen Senke wurden Histogramme der Reflexionskoeffizienten und Schichtmächtigkeiten berechnet sowie deren Verteilungstyp bestimmt.

Zusätzlich wurde mit Hilfe der Autokorrelationsfunktion getestet, inwieweit die reale Reflexionskoeffizientenfolge einer Zufallsverteilung genügt. Dabei ergab sich, daß in der überwiegenden Zahl der Fälle eine Normalverteilung angenommen werden kann und eine Zufallsverteilung nicht zutrifft. Es wird gezeigt, daß unter realen Bedingungen mit der Cepstralanalyse eine wesentlich bessere Schätzung des Signalspektrums möglich ist, als bei Anwendung des klassischen Verfahrens über die Autokorrelationsfunktion.

Verschiedene moderne seismische Datenbearbeitungsverfahren gehen von einer Zufallsverteilung der Reflexionskoeffizienten im Untergrund aus. Dies betrifft beispielsweise die allgemein für die Deconvolution seismischer Spuren übliche Variante, bei der das seismische Signal — unter Voraussetzung der Minimalphasigkeit — aus der Autokorrelationsfunktion eines längeren Laufzeitabschnittes geschätzt wird. Ebenso gehen die meisten Programme zur Absorptionsbestimmung von einer Zufallsverteilung aus.

Abweichungen von der vorausgesetzten statistischen Verteilung können Auswirkungen auf die Effektivität und Genauigkeit der genannten Bearbeitungsverfahren haben. Deshalb sind Untersuchungen über den tatsächlich im sedimentären Untergrund gültigen Typ der Verteilung der Reflexionskoeffizienten von Bedeutung.

Die einzige bekannte Arbeit, die sich mit derartigen Untersuchungen befaßt, stammt von AGARD und GRAU (1961). Die Autoren stellten für verschiedene Meßgebiete fest, daß die Amplituden realer Reflexionskoeffizientenfolgen nicht einer Zufallsverteilung, sondern in erster Näherung einer Normalverteilung genügen. Die Häufigkeitsverteilung der Mächtigkeiten der Schichten bei verschiedenen Schwellwerten für den Betrag der Reflexionskoeffizienten entsprach in den meisten Fällen einer POISSON-Verteilung.

Für unsere eigenen reflexionsseismischen Erkundungsarbeiten ist von besonderem Interesse, ob diese Feststellungen auch für die Verhältnisse in der Norddeutsch-Pol-

[1] Anschriften der Verfasser:
Dipl.-Geophys. U. PATZER, VEB Geophysik Leipzig, DDR-7010 Leipzig, Postfach 370;
Dr. E. DANCKWARDT, Karl-Marx-Universität Leipzig, Wissenschaftsbereich Geophysik, Sektion Physik, DDR-7010 Leipzig, Talstraße 35;
Dr. B. LEISSRING, Rat des Bezirkes Karl-Marx-Stadt, Abteilung Geologie, DDR-9075 Karl-Marx-Stadt, Klarastr. 16.

nischen Senke zutreffen. In dieser Arbeit werden entsprechende Untersuchungsergebnisse beschrieben sowie einige sich daraus ergebende Konsequenzen für die Anwendbarkeit verschiedener Datenbearbeitungsverfahren diskutiert.

1. *Ausgangsmaterial*

Für die Untersuchungen wurde eine Bohrung aus einer Salzstockrandsenke der Altmark ausgewählt, für die Akustiklogs ab Tertiärbasis (630 m unter Rasensohle) vorliegen und (bei einer maximalen Meßteufe von 3300 m) bis in das obere Rotliegende reichen. Die Dichteverteilung wurde unter Berücksichtigung der jeweiligen Geschwindigkeitswerte und der lithologischen Ansprache bestimmt.

Um eine bessere Annäherung an reale Verhältnisse zu erreichen, erfolgte eine Transformation der mit einem Meßschritt von 2 m vorliegenden Wertefolge in den Zeitbereich bei einem Sampling von 1 ms. Bei Nutzung der Transformationsvariante nach BARANOV und KUNETZ (1960) kann dabei gleichzeitig eine getrennte Analyse der Transmissions- und Multiplenauswirkungen auf die Reflexionskoeffizientenfolge vorgenommen werden.

Abb. 1 zeigt die Dichte-, Geschwindigkeits- und Schallhärteverteilung für die ausgewählte Bohrung im Zeitmaßstab. Ebenso enthält die Abbildung die Transmissionsverluste für reflektierte Wellen.

2. *Reflexionskoeffizientenfolge*

In der folgenden Abb. 2 sind die aus dem vorgegebenen Schallhärteprofil berechneten Koeffizientenfolgen dargestellt. Die normale Reflexionskoeffizientenfolge (Spur a) weist im Charakter deutliche Unterschiede in Abhängigkeit von der Laufzeit auf. Bei Berücksichtigung des Transmissionsverlustes (Spur b) bleibt der Charakter zwar erhalten; es zeigt sich jedoch eine drastische Abnahme der mittleren Intensitäten mit zunehmender Laufzeit.

Der in Abb. 1, Meßkurve 4, dargestellte Transmissionsverlust zeigt, daß die durch ihn bewirkte Amplitudenabnahme nicht linear mit der Laufzeit verläuft und eine Verringerung bis auf max. 6% bewirkt. Wenn der Dichtebeitrag in der Reflexionskoeffizientenfolge nicht berücksichtigt wird, ist der Transmissionseinfluß wesentlich geringer.

In ähnlicher Weise, wie sich die Amplituden der reellen Reflexionskoeffizienten im Falle b vermindern, nimmt die Größe der Koeffizienten für die multiplen Reflexionen (Abb. 2, Spur c) zu. Für die Koeffizientenfolge der reellen und multiplen Reflexionen (Spur d) ergibt sich so eine relativ ausgeglichene Verteilung der Intensitäten der Reflexionskoeffizienten mit der Laufzeit.

Deutlicher lassen sich die Intensitätsrelationen an Hand der folgenden Abb. 3 analysieren, in der die Streuung der Reflexionskoeffizienten dargestellt ist. Für die normale Reflexionskoeffizientenfolge sind die Meßwerte im Mittel um 0,5% zu klein, wenn der Dichtebeitrag nicht berücksichtigt wird.

Die Wirkung des Transmissionsverlustes kompensiert die bei Spur a festgestellte Erhöhung von σ_R mit zunehmender Laufzeit, so daß für Spur b bis zu einer Laufzeit von etwa 1 s die Werte relativ konstant sind. Bei größerer Laufzeit ergibt sich zufolge der hohen Transmissionsverluste zwischen 1,0 und 1,2 s und der geringen mittleren Intensitäten im Liegenden eine drastische Abnahme bis auf Werte um $\sigma_R = 0{,}5\%$.

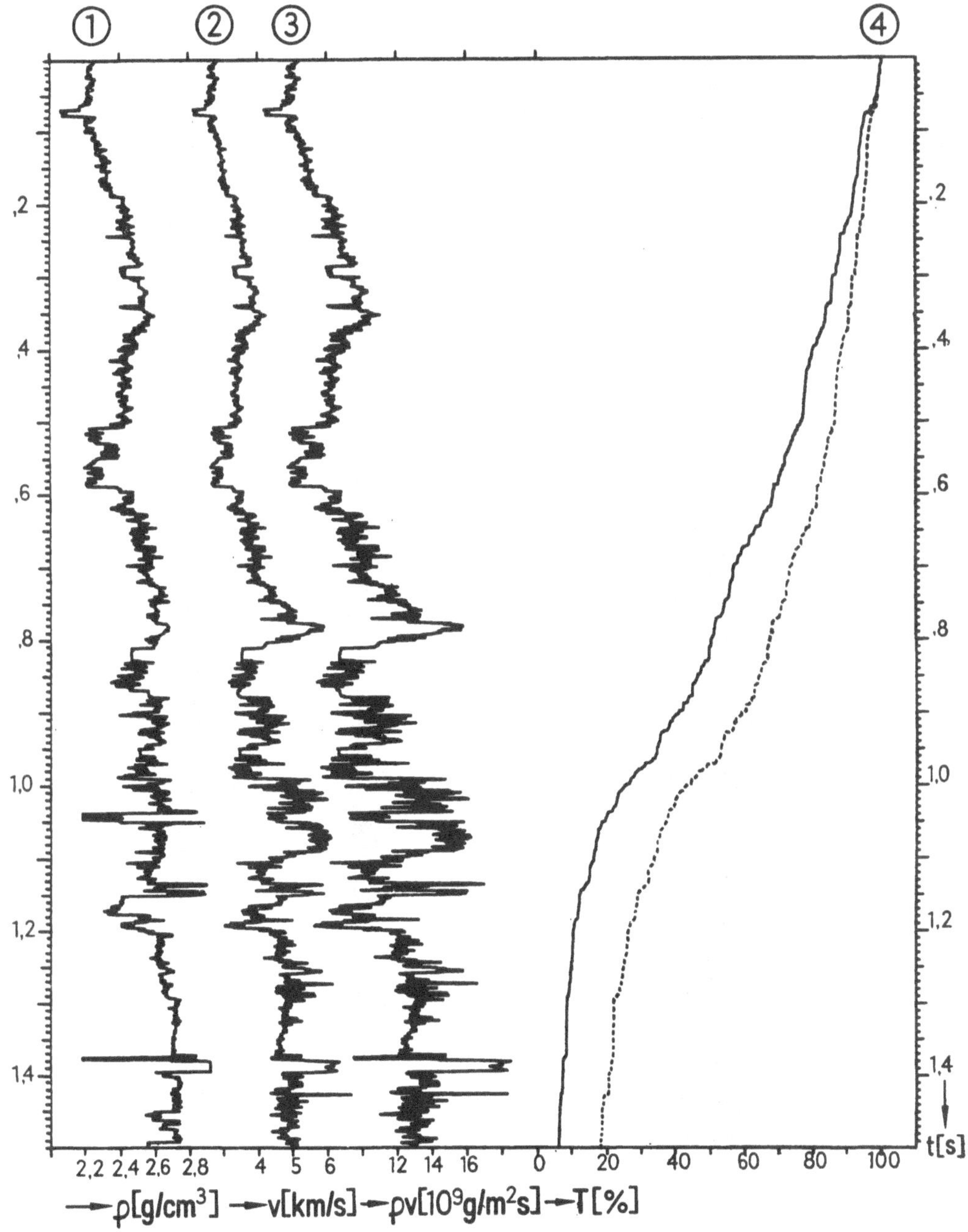

Abb. 1. Schallhärteprofil der untersuchten Bohrung

1 — Dichteverteilung, *2* — Geschwindigkeitsansatz, *3* — Schallhärteprofil, *4* — Transmissionsverlust, ——— Transmission mit Berücksichtigung der Dichteverteilung, — — — Transmission ohne Berücksichtigung der Dichteverteilung .

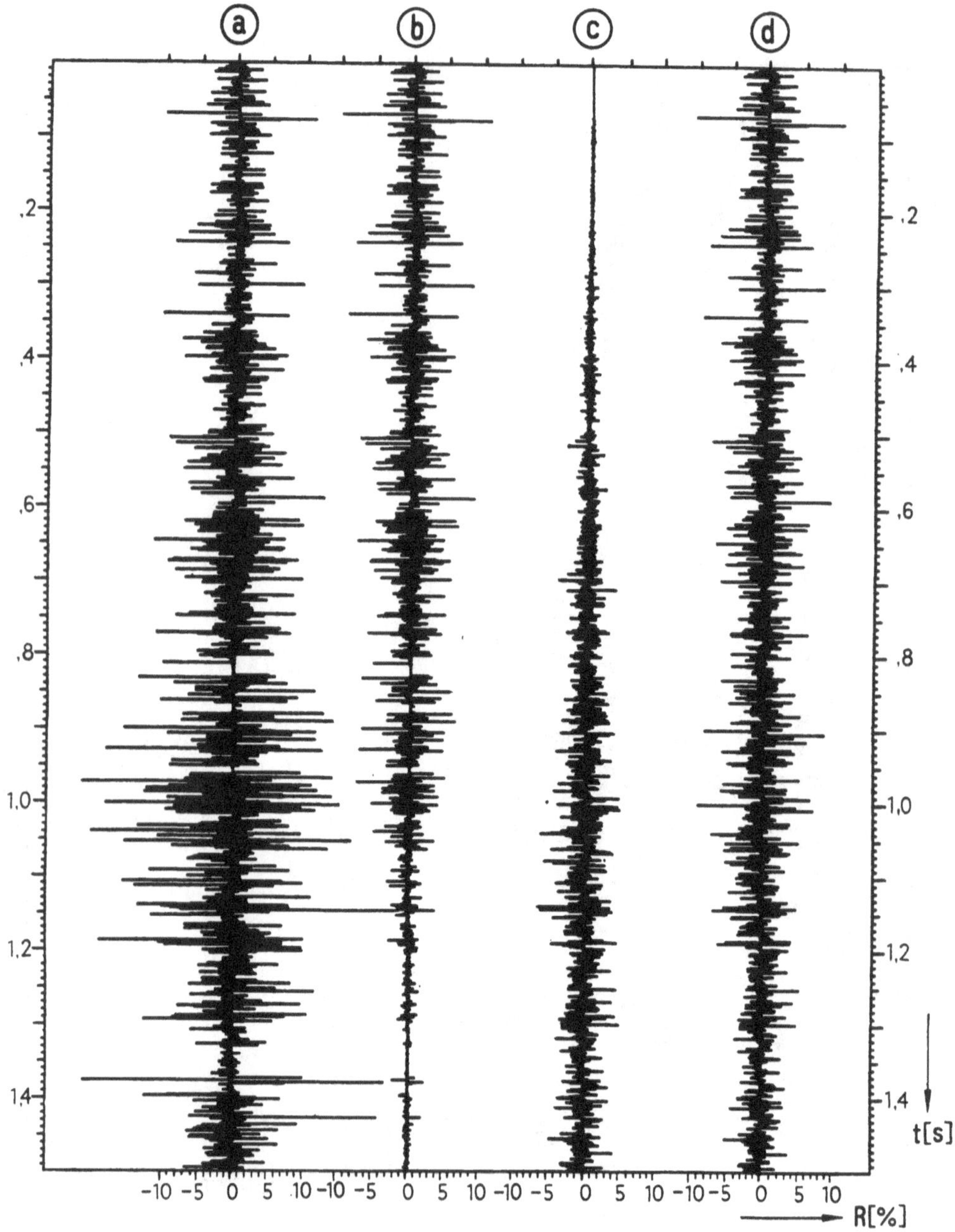

Abb. 2. Reflexionskoeffizientenfolge im Zeitmaßstab
a — normale Reflexionskoeffizientenfolge, b — Reflexionskoeffizientenfolge mit Berücksichtigung des Transmissionsverlustes, c — Koeffizientenfolge der multiplen Reflexionen, d — summare Reflexionskoeffizientenfolge (Reelle mit Transmissionseinfluß plus Multiple)

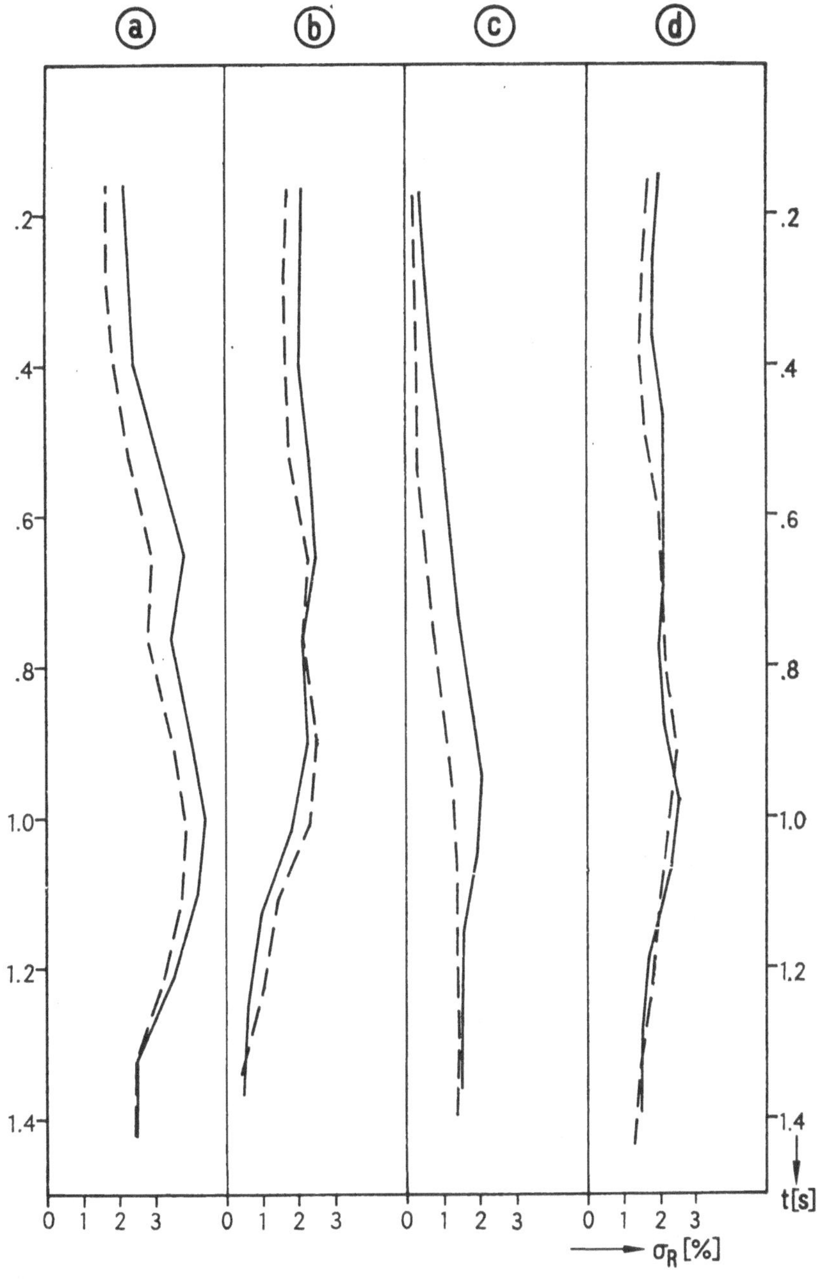

Abb. 3. Mittlere quadratische Streuung σ_R der Reflexionskoeffizienten in Abhängigkeit von der Laufzeit

Legende wie Abb. 2, ——— Meßwerte mit Berücksichtigung der Dichte, — — — Meßwerte ohne Berücksichtigung der Dichte, Berechnung aus jeweils 200 Schichten

Interessant ist, daß im oberen Laufzeitbereich (bis 0,85 s) die Werte für σ_R bei Berücksichtigung der Dichte generell größer sind als ohne Dichteeinfluß, während sich bei größeren Laufzeiten diese Relationen umkehren.

Für die Multiplenkoeffizienten ist bis 1,0 s eine relativ gleichförmige Zunahme festzustellen. In größerer Teufe bleibt der nur aus den Geschwindigkeiten ermittelte Multiplenanteil konstant, während sich für die aus der Schallhärte berechneten Werte eine Abnahme ergibt.

Die Summenspur spiegelt die Intensitätsrelationen von Spur a in abgeschwächter Form wider. Die Unterschiede mit und ohne Berücksichtigung des Dichtebeitrages sind dabei ebenfalls weitgehend verwischt.

3. *Histogramme der Reflexionskoeffizienten*

In Abb. 4 sind die Häufigkeiten des Auftretens gleicher Größe des Reflexionskoeffizienten dargestellt. Die Histogramme zeigen generell trotz der 50%igen Überlappung von Intervall zu Intervall starke Änderungen. Bei Berücksichtigung der Transmissionsverluste (b) zeigt sich eine deutliche laufzeitabhängige Verringerung der Breite der Histogramme, die so weit führt, daß im untersten analysierten Laufzeitabschnitt fast alle $|R|$ kleiner als 0,5% sind. Die sehr geringe Intensität der Multiplen bei kleinen Laufzeiten spiegelt sich auch in den entsprechenden Histogrammen (c) wider.

Für die Verteilung der Intensitäten von Reellen und Multiplen (d) ergibt sich gegenüber Fall a ein etwas einheitlicherer Charakter. Trotzdem bleiben auch bei Verschiebung des analysierten Intervalls um nur 100 Schichten signifikante Unterschiede in den Histogrammen bestehen.

Für die in der Abb. 4 dargestellten Verteilungsdichtefunktionen wurde untersucht, mit welcher Sicherheit sie verschiedenen Verteilungstypen (Normal-, Binomial- und Poisson-Verteilung) entsprechen. Die in Abb. 5 dargestellten Ergebnisse verdeutlichen, daß in den meisten Fällen eine Normalverteilung vorliegt. In verschiedenen Laufzeitabschnitten treten daneben auch teilweise hohe Zuordnungssicherheiten für die beiden anderen untersuchten Verteilungstypen auf. Für verschiedene Bereiche, in denen keine der analysierten Verteilungen zutrifft, deuten die entsprechenden Histogramme auf eine Gleichverteilung hin (siehe z. B. Fall a, Laufzeit 1,1 s).

Neben diesen Untersuchungen der Verteilungsdichtefunktionen wurden auch die Summenhäufigkeiten analog zu der bei Agard und Grau (1961) beschriebenen Verfahrensweise analysiert (Abb. 6).

In der Darstellung ist jede Funktion nur durch jeweils eine Gerade angenähert worden, obwohl verschiedentlich deutliche Abweichungen von diesen Geraden festzustellen sind. Diese Abweichungen deuten darauf hin, daß die Verteilungsfunktion aus mehr als einer Normalverteilung besteht. Für die normale Reflexionskoeffizientenfolge (a) trifft dies beispielsweise bei geringen und bei großen Laufzeiten zu. Hier deutet sich an, daß die Verteilungsfunktionen aus drei verschiedenen Geradenästen und damit in erster Näherung aus zwei Normalverteilungen mit gleichem Mittelwert aber unterschiedlicher Streuung zusammengesetzt sind. Eine sichere Trennung dieser Verteilungen ist ebenso wie eine Deutung dieser auch von Agard und Grau (1961) festgestellten Effekte problematisch.

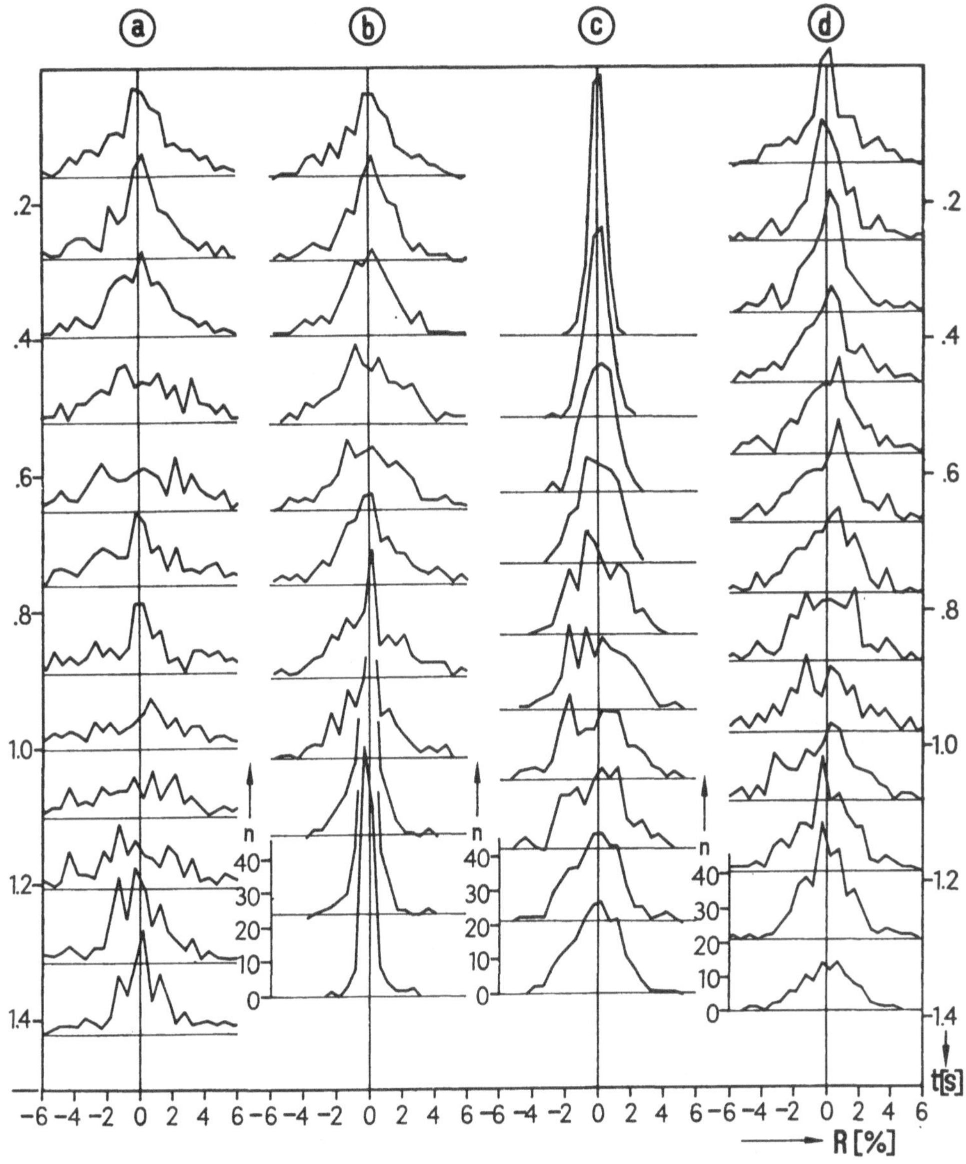

Abb. 4. Häufigkeitsverteilung der Amplituden der Reflexionskoeffizienten
a — Histogramme der normalen Reflexionskoeffizienten, b — Histogramme der Reflexionskoeffizienten einschließlich Transmission, c — Histogramme der multiplen Koeffizienten, d — Histogramme der summaren Reflexionskoeffizienten, Länge des analysierten Einzelintervalls: 200 Schichten, Verschiebungsbetrag: 100 Schichten, Klassenbreite der Histogramme: 0,5%

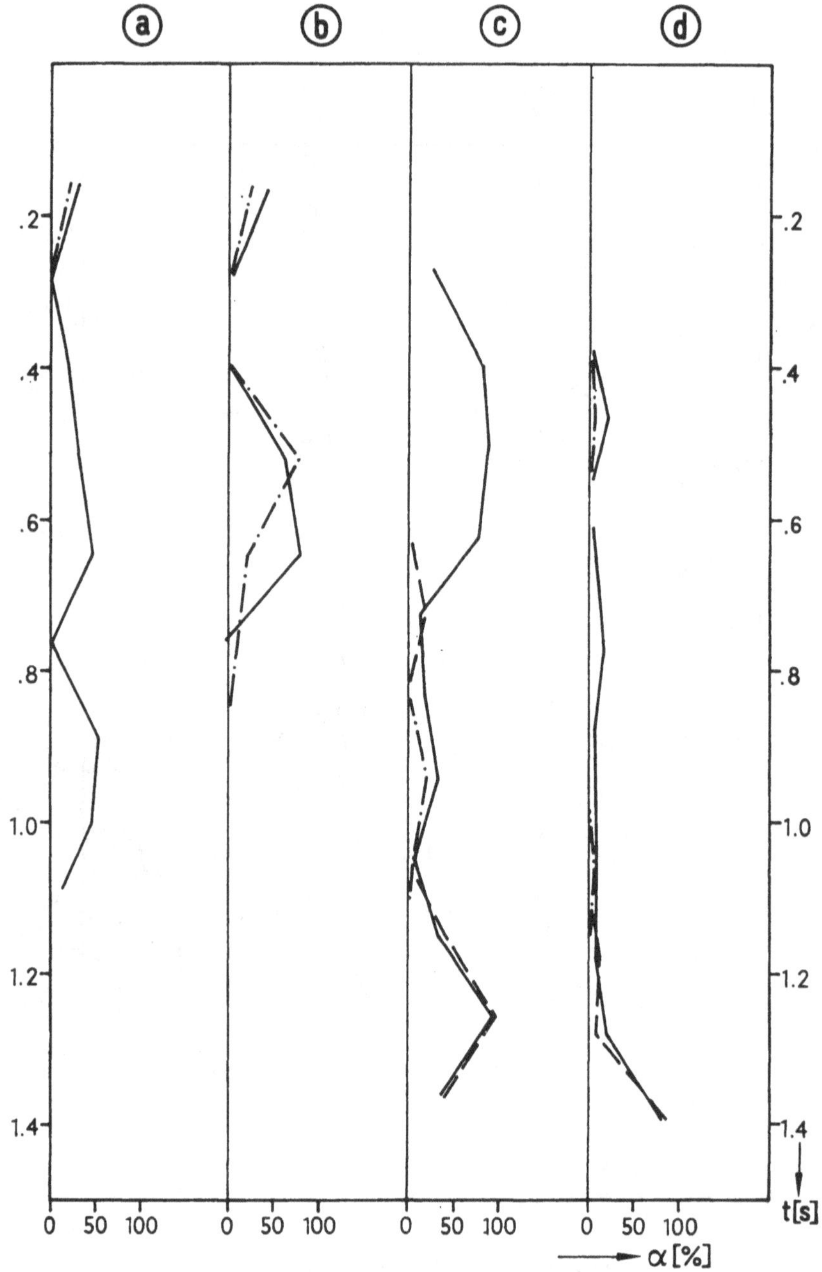

Abb. 5. Zuordnungssicherheiten α der Amplituden der Reflexionskoeffizienten zu bestimmten Verteilungstypen

a — für Histogramme der normalen Reflexionskoeffizienten, b — für Histogramme der Reflexionskoeffizienten mit Transmission, c — für Histogramme der multiplen Koeffizienten, d — für Histogramme der summaren Reflexionskoeffizienten,

——— Zuordnung zur Normalverteilung, — — — Zuordnung zur Binomialverteilung,

—·— Zuordnung zur POISSON-Verteilung

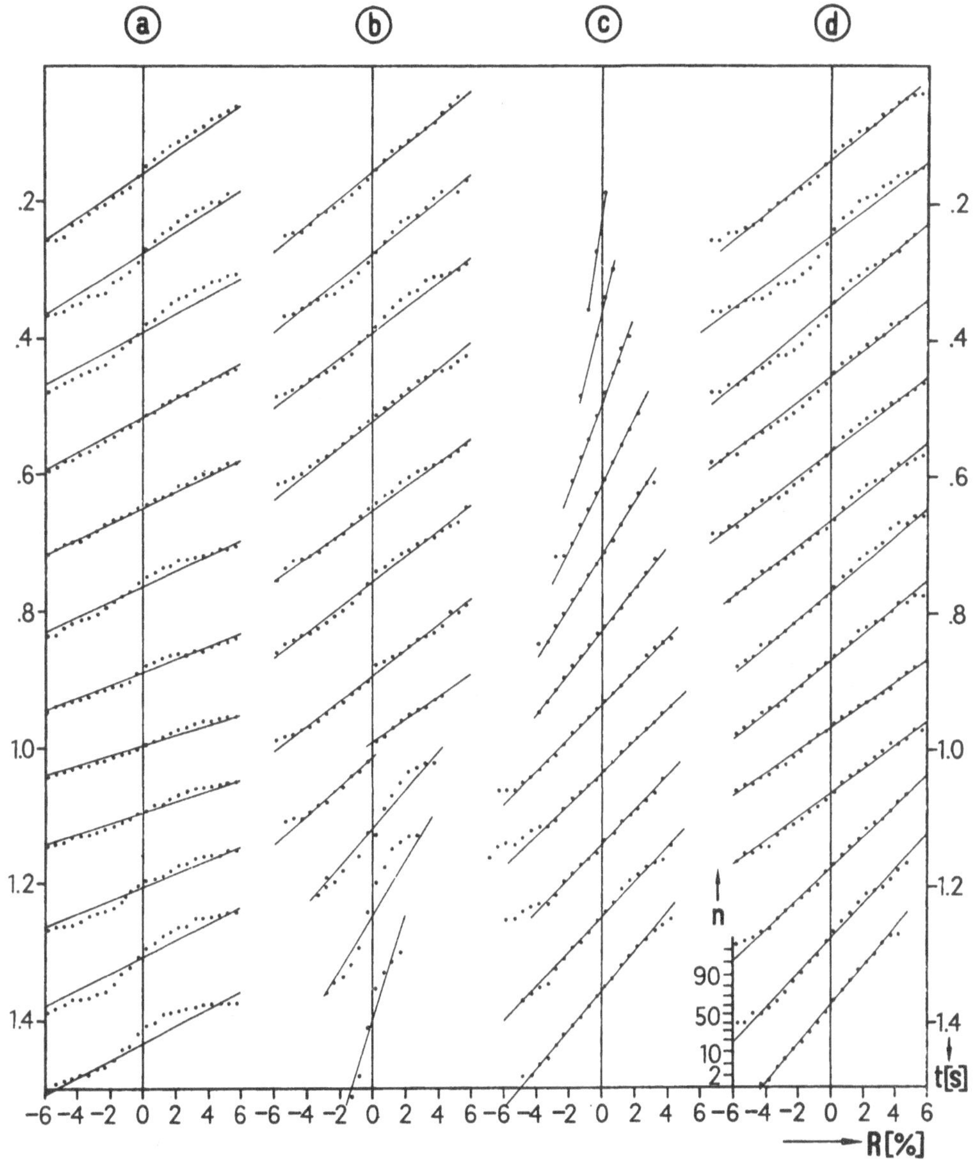

Abb. 6. Verteilungsfunktion (Summenhäufigkeit) der Amplituden der Reflexionskoeffizienten a — für die normalen Reflexionskoeffizienten, b — für die Reflexionskoeffizienten mit Transmission, c — für die multiplen Koeffizienten, d — für die summaren Reflexionskoeffizienten

4. Histogramme der Schichtmächtigkeiten

Analog zu den Untersuchungen über die Häufigkeitsverteilung der Größe der Reflexionskoeffizienten wurde auch die Verteilungsdichtefunktion der Schichtmächtigkeit für vorgegebene Schwellwerte C des Betrages des Reflexionskoeffizienten $|R|$ untersucht. Dabei wird folgendermaßen vorgegangen: Ausgehend von der ersten Schichtgrenze, für die $|R|$ größer als der vorgegebene Schwellwert ist, wird die nächste Schichtgrenze gesucht, bei der $|R|$ wiederum größer als C ist, und der entsprechende Abstand Δt bestimmt. Auf diese Weise wird innerhalb eines vorgegebenen Intervalls die Häufigkeit des Auftretens von Schichten gleicher Mächtigkeit bestimmt. Die Ergebnisse sind in Abb. 7 dargestellt. Es zeigt sich, daß in der überwiegenden Zahl der Fälle, und zwar besonders in den Bereichen, wo die Einzelmeßwerte statistisch relativ gut abgesichert sind ($n > 10$), die logarithmischen Verteilungsdichtefunktionen gut durch Geraden approximiert werden können. Die reziproken Anstiege dieser Geraden stellen ein qualitatives Maß für die mittlere Schichtmächtigkeit im analysierten Intervall dar. So ist beispielsweise mit zunehmender Größe des Schwellwertes C generell eine Verringerung des Anstieges und somit eine Zunahme der mittleren Schichtmächtigkeit zu verzeichnen.

Bei der Zuordnung der Verteilungsdichtefunktionen konnte nur für 10 von 80 Analysen eine gesicherte Zuordnung (bei einer Irrtumswahrscheinlichkeit von 5%) zu einem mathematisch definierten Verteilungstyp erhalten werden. Dies liegt unter anderem daran, daß trotz des jeweils recht großen analysierten Laufzeitintervalls die in die Verteilungsdichtefunktion eingehende Gesamtschichtanzahl relativ gering war, und zwar insbesondere bei großen Schwellwerten $C \geqq 1\%$.

Statistisch am besten abgesichert ist die Zuordnung der Verteilung der Schichtmächtigkeiten für Spur d bei $C = 0{,}5\%$ zur Poisson-Verteilung. In allen anderen Fällen treten neben der Poisson-Verteilung auch Zuordnungen zur logarithmischen Normal- und zur Binomialverteilung auf; sie sind allerdings statistisch nicht abgesichert.

5. Analyse der Autokorrelationsfunktion

Von besonderem Interesse ist, inwieweit die realen Reflexionskoeffizientenfolgen einer Zufallsverteilung, d. h. einer Folge von Spikes willkürlicher Amplitude, Distanz und Polarität, genügen. Entsprechende Aussagen lassen sich aus der Autokorrelationsfunktion (AKF) entnehmen. Die AKF einer reinen Zufallsfolge ist nur bei der Verschiebung $\tau = 0$ signifikant von Null verschieden. Für $\tau \neq 0$ müssen die Werte innerhalb einer Signifikanzgrenze liegen, die in unserem Falle — für eine Irrtumswahrscheinlichkeit von 5% — bei etwa 15% des Wertes der AKF bei $\tau = 0$ liegt. Abb. 8 zeigt die auf Maximalwert normierten AKF der vier verschiedenen Koeffizientenfolgen. In die Darstellung ist ebenfalls der oben genannte Schwellwert eingetragen.

Ebenso wie in den Histogrammdarstellungen der Intensitäten (Abb. 4) sind auch im Charakter der AKF für benachbarte analysierte Intervallagen sehr deutliche Unterschiede festzustellen. In den meisten AKF existiert eine mehr oder weniger große Anzahl von Peaks, die die Signifikanzschwelle überschreiten. Dies zeigt deutlich, daß in der überwiegenden Zahl der Fälle die Reflexionskoeffizientenfolgen *nicht* zufallsverteilt sind.

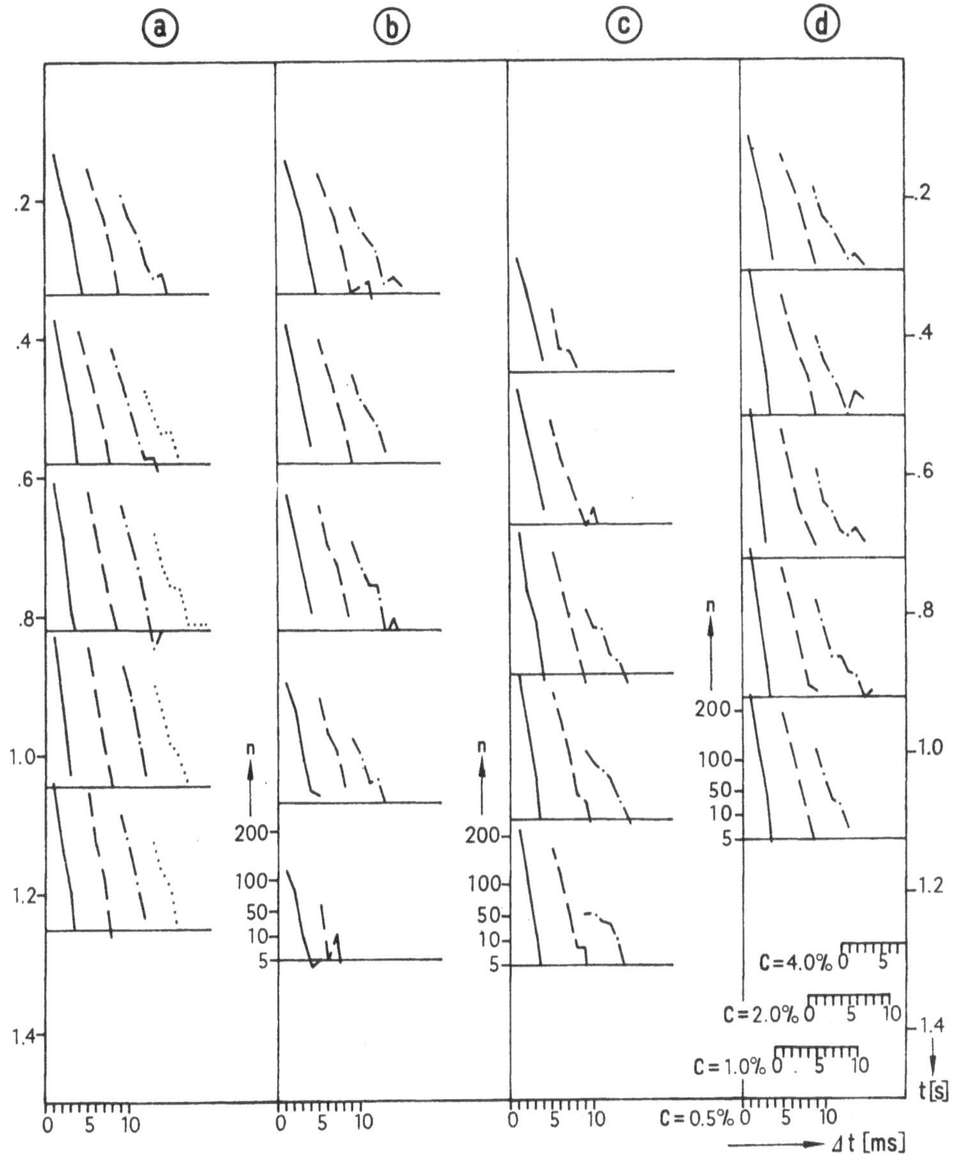

Abb. 7. Häufigkeitsverteilung der Schichtmächtigkeiten Δt im Zeitmaßstab für verschieden Schwellwerte C des Betrages der Reflexionskoeffizienten
a — Histogramme der normalen Reflexionskoeffizienten, b — Histogramme der Reflexionskoeffizienten einschließlich Transmission, c — Histogramme der multiplen Koeffizienten, d — Histogramme der summaren Reflexionskoeffizienten,
——— C = 0,5%, — — — C = 1,0%, —·—·— C = 2,0%, ·········· C = 4,0%,
Länge des analysierten Einzelintervalls: 500 Schichten, Verschiebungsbetrag: 200 Schichten, Klassenbreite der Histogramme: 1 ms

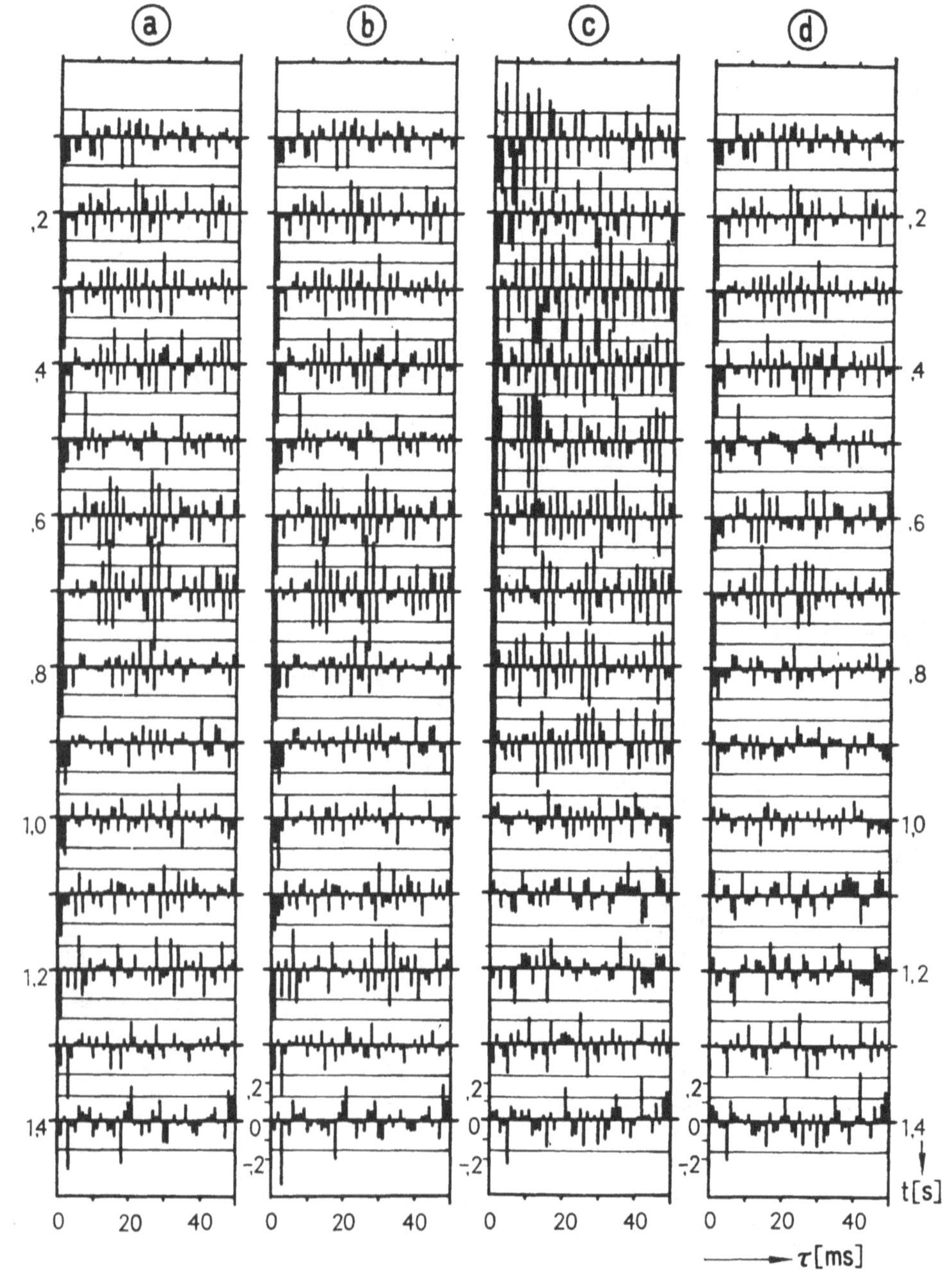

Abb. 8. Autokorrelationsfunktionen der Reflexionskoeffizientenfolgen
a — für die normale Reflexionskoeffizientenfolge, b — für die Reflexionskoeffizientenfolge mit Transmission, c — für die multiple Koeffizientenfolge,
d — für die summare Reflexionskoeffizientenfolge,
Länge des analysierten Einzelintervalls: 200 ms

6. Schlußfolgerungen

Die im Rahmen dieser Arbeit zunächst nur an einer Bohrung vorgenommenen Untersuchungen über den im sedimentären Untergrund gültigen Verteilungstyp der Reflexionskoeffizienten zeigen, daß in der überwiegenden Zahl der Fälle eine Normalverteilung angenommen werden kann und eine Zufallsverteilung nicht zutrifft. Diese Aussagen stimmen gut mit den Untersuchungsergebnissen von Agard und Grau (1961) überein. Deshalb kann erwartet werden, daß diese Feststellungen im Prinzip auch für andere Meßgebiete mit analogen seismogeologischen Bedingungen Gültigkeit haben.

Die genannten Fakten sind für solche seismischen Bearbeitungsverfahren von Bedeutung, deren Algorithmus auf einem bestimmten Verteilungstyp basiert. Das betrifft unter anderem verschiedene Verfahren zur Ermittlung der Absorptionsverteilung

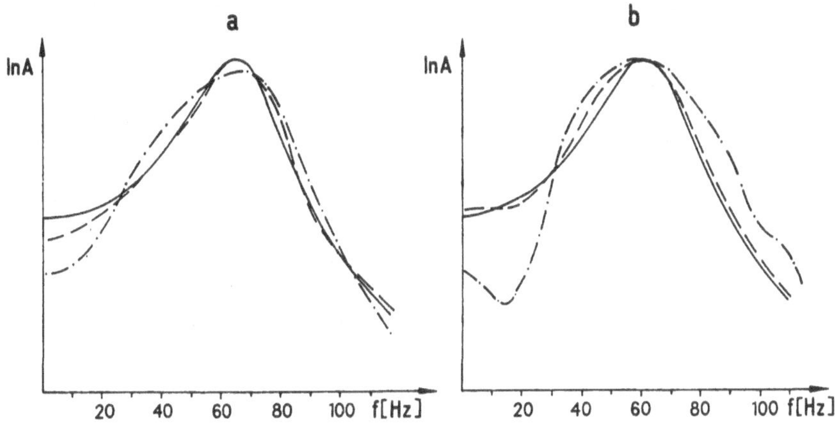

Abb. 9. Schätzung des Signalspektrums einer synthetischen seismischen Spur
a — bei einer Impulsfolge mit Zufallsverteilung, b — bei einer realen Reflexionskoeffizientenfolge,
——— wahres Spektrum, — — — Spektrum über Cepstralanalyse,
—·—·— Spektrum über Autokorrelationsfunktion

im Untergrund wie beispielsweise die von Rapoport (1969) vorgeschlagene Variante. Bei dieser wird das Signalspektrum — unter Voraussetzung einer Zufallsverteilung der zugrunde liegenden Reflexionskoeffizientenfolge — aus der AKF eines hinreichend langen Laufzeitintervalls geschätzt.

In Abb. 9 sind die Ergebnisse der Schätzung des wahren Signalspektrums nach zwei verschiedenen Verfahren bei unterschiedlichem Ausgangsmaterial dargestellt.

Bei diesen Untersuchungen wurden die beiden mit 2 ms Sampling vorliegenden Impulsfolgen mit einem Wavelet bekannten Frequenzinhaltes überlagert. Die Spektrenschätzung erfolgte jeweils in einem 400 ms langen Laufzeitintervall. Die zur Berechnung verwendete AKF wurde — wie üblich — mit einer Hanningfensterfunktion multipliziert; die AKF-Länge betrug 40 ms. Das über die Cepstralanalyse geschätzte Spektrum ergab sich aus der Mittelung von 10 Einzelcepstren, die aus kontinuierlich innerhalb des Gesamtlaufzeitintervalls verschobenen Kurzzeitabschnitten von 100 ms Länge berechnet wurden; die verwendete Cepstrenlänge betrug dabei 20 ms.

Wie aus Abb. 9a deutlich wird, läßt sich bei Erfüllung der Voraussetzung über die Zufallsverteilung mit der AKF-Variante zwar noch eine recht gute Schätzung erreichen;

bei Zugrundelegung einer realen Reflexionskoeffizientenfolge (Abb. 9b) sind die Abweichungen vom wahren Signalspektrum jedoch erheblich.

Wie aus Abb. 9 weiterhin hervorgeht, ist eine wesentlich genauere Spektrenschätzung, und zwar insbesondere unter Bedingungen, die den realen Verhältnissen nahekommen, mit der Cepstralanalyse möglich. Das von Danckwardt u. a. (1978) vorgestellte Absorptionsverfahren ABSOR benutzt diesen Weg. Bei der Cepstralanalyse ist der günstigste Verteilungstyp für die Reflexionskoeffizienten zwar ebenfalls eine Zufallsverteilung; Abweichungen der realen Koeffizientenfolge von dieser idealen Verteilung wirken sich jedoch auf die Güte der Signalspektrenschätzung bei weitem nicht so drastisch aus, wie bei der AKF-Variante.

Eine der Ursachen hierfür ist darin zu suchen, daß über das Cepstrum eine bessere Trennung der beiden Komponenten Signal und Impulsfolge, aus denen sich eine reflexionsseismische Spur zusammensetzt, möglich ist, als über die AKF. Der Grad der Extrahierung des Signalanteils wird zudem durch die verfahrensspezifische Mittelungsprozedur bei der Bestimmung des Signalcepstrums positiv beeinflußt: Bei Peaks, die den Impulsanteil im Cepstrum repräsentieren, ist zu erwarten, daß sie bei jedem Einzelcepstrum i. allg. zu verschiedenen Einsatzzeiten erscheinen und so bei der Mittelung der Einzelcepstren weitgehend unterdrückt werden. Im Gegensatz dazu wird der Signalanteil sich im analysierten Gesamtlaufzeitabschnitt nur unwesentlich ändern und bleibt deshalb auch nach der Mittelung erhalten.

Aus diesen Fakten erklären sich die mit den zwei genannten Varianten bei der Berechnung der Absorption erzielten Genauigkeiten: Bei optimaler Wahl der Programmparameter konnte für absorptionsbehaftete synthetische Spuren, denen eine reale Reflexionskoeffizientenfolge zugrunde lag, mit der AKF-Variante nach Rapoport (1969) nur eine Meßgenauigkeit von etwa 40% erreicht werden. Bei der Absorptionsbestimmung über die Cepstralanalyse liegt der Meßfehler jedoch nur noch bei etwa 10%.

Für die Deconvolution seismischer Spuren, als eines der wichtigsten reflexionsseismischen Routinebearbeitungsverfahren, existieren die gleichen Probleme, wie bei den genannten Varianten zur Absorptionsbestimmung. Das klassische Deconvolutionsverfahren nutzt zur Berechnung des inversen Filters ebenfalls die AKF eines längeren Spurabschnittes. Hier ließe sich — ebenso wie bei der Absorptionsbestimmung — über die Cepstralanalyse eine bessere Schätzung des Signalspektrums erreichen. Unklar ist hierbei nur, inwieweit diese mögliche größere Genauigkeit bei der Bestimmung des Amplitudenspektrums in Anbetracht des Fehlers, der durch die Unkenntnis der Phaseninformation entsteht, wirksam wird. Die Cepstralanalyse bietet jedoch — im Gegensatz zur AKF-Variante — prinzipiell die Möglichkeit zu einer Bestimmung des Phasenspektrums.

Literatur

Agard, J.; Grau, G., Etude statistique de sismogrammes. Geophys. Prosp. **9** (1961) 4, 503—525.

Baranov, V.; Kunetz, G., Film synthétique avec réflexions multiples; théorie et calcul pratique. Geophys. Prosp. **8** (1960) 2, 315—325.

Danckwardt, E.; Leissring, B.; Patzer, U., Absorptionsbestimmung aus reflexionsseismischen Messungen als Beitrag zur Erfassung substantieller Änderungen im Untergrund. Geoph. u. Geol.; Geophys. Veröff. KMU Leipzig **2** (1979) 1, 39—51.

Rapoport, M. B., Verfahren zur Bestimmung der Absorption seismischer Wellen (russ.). SU-Pat. 240281, 1967/1969.

Geophys. u. Geol. Geophys. Veröff. d. KMU Leipzig Bd. II H. 3 S. 31–43 Berlin 1981

Zur Bearbeitung tiefenseismischer Untersuchungen

F. JACOBS, B. HAACKE und E. APITZ[1]

Zusammenfassung: Die Gewinnung von tiefenabhängigen Geschwindigkeitsfunktionen aus gemessenen Laufzeitfeldern (Zeit/Tiefen-Transformation, Invertierung) ist das Ziel der Bearbeitung tiefenseismischer Untersuchungen. Es wird eine Invertierungsmethode unter Einbeziehung der Lösung der direkten seismischen Aufgabe (numerische Modellseismik) erläutert. Anwendungsbeispiele aus dem Nordteil (Sedimentbecken) und dem Südteil der DDR (Kristallin) belegen an Hand praktischer Resultate die Brauchbarkeit des vorgeschlagenen Verfahrens.

1. Einleitung

Die geologisch-geophysikalische Erkundung nutzbarer Lagerstätten schreitet in immer größere Tiefenbereiche der Erdkruste voran. Gleichzeitig werden die Zusammenhänge klarer, die zwischen dem stofflich-strukturellen Aufbau der tieferen Kruste und des oberen Mantels einerseits und der geologischen Situation der oberen Erdkruste andererseits bestehen.

Als aussagekräftiges geophysikalisches Verfahren hat sich auch hier die Untersuchung der Ausbreitung seismischer Wellen erwiesen. Unter Tiefenseismik sollen alle seismischen Arbeiten verstanden werden, deren Ziel die Erkundung der mittleren und unteren Erdkruste sowie des oberen Erdmantels ist. Stofflich fällt dieser Bereich etwa mit dem Übergang zu Festgesteinskomplexen zusammen, die sich durch tiefenabhängige Geschwindigkeitsgradienten ohne scharfe Reflexionsgrenzen auszeichnen. Methodisch kann die Tiefenseismik als Bindeglied zwischen der Prospektionsseismik und der Seismologie betrachtet werden.

In den letzten 10–15 Jahren wurden die wichtigsten technischen und technologischen Probleme tiefenseismischer Feldarbeiten erfolgreich gelöst. Die Ergebnisse einer Vielzahl internationaler und nationaler Großprojekte liegen vor (SOLLOGUB u. a., 1979; GIESE u. a., 1976; BURKERT u. a., 1975; LANGE, 1973; GRÜNTHAL, 1974).

Die Aussagesicherheit und damit auch die geologische Deutung der mit z. T. sehr hohem ökonomischen Aufwand betriebenen Untersuchungen kann jedoch nicht immer befriedigen. Die Bearbeitung und Interpretation tiefenseismischer Daten stößt vielfach auf prinzipielle Schwierigkeiten. Eine eindeutige Transformation der als Amplitudenänderungen gemessenen Laufzeiten in räumliche Geschwindigkeitsverteilungen wird

[1] Anschrift der Verfasser:
Dr. sc. nat. F. JACOBS, Dipl.-Phys. E. APITZ, Dipl.-Geophys. B. HAACKE,
Karl-Marx-Universität Leipzig, Sektion Physik, Wissenschaftsbereich Geophysik,
DDR-7010 Leipzig, Talstraße 35.

insbesondere durch laterale Inhomogenitäten des Mediums, Effekte der Geschwindigkeitsanisotropie und Probleme bei der Erkennung der Wellennatur erschwert (vgl. Nowak, 1979).

2. Methodik tiefenseismischer Messungen

Als Anregungsquellen der elastischen Energie werden sowohl natürliche Ereignisse als auch künstliche Sprengungen genutzt. Seismische Raumwellen von Fernbeben liefern über die Bestimmung von Laufzeitresiduen Hinweise auf Geschwindigkeitsinhomogenitäten im Untergrund seismologischer Beobachtungsstationen. Die relativ flach laufenden Wellen von Nahbeben (meist geführte Wellen oder Tauchwellen) ergeben bei genügender Meßdichte der Laufzeiten geologisch interpretierbare Aufschlüsse über den Schichtenbau bis in den oberen Mantel. Die langperiodischen seismischen Oberflächenwellen erlauben die Bestimmung tiefenabhängiger Transversalwellen-Geschwindigkeitsfunktionen auf der Basis von Dispersionsanalysen. Schließlich hat die Erdbebenwechselwellenmethode (EWWM, auch Methode „Zemlja" genannt) ihre Nützlichkeit bei der Erkennung und Tiefenbestimmung von Wechselgrenzen und Übergangszonen im Kruste/Mantel-Bereich bereits mehrfach bewiesen. Zunehmend gewinnen Verfahren an Bedeutung, die neben der Laufzeitanalyse auch das Amplitudenverhalten von Erdbebenwellen für tiefenseismische Interpretationen verwenden.

Den Zielstellungen der Tiefenseismik in der Regel besser angepaßte, wenn auch ökonomisch aufwendigere Verfahren lassen sich bei Verwendung von Explosionsquellen realisieren. Die sog. Explosionsseismologie kann dabei einerseits auf primär technisch orientierte Großsprengungen (z. B. Steinbruchsprengungen) zurückgreifen. Andererseits erlauben erst gezielt angeordnete und ladungsmengenoptimierte „geophysikalische" Sprengungen im Zusammenhang mit den zugehörigen Empfängerkonfigurationen eine ausreichende Erfassung von Informationen über das elastische Verhalten des Untergrundes. Diese Arbeiten sind unter den Bezeichnungen seismische Tiefensondierungen (STS, DSS), seismische Langprofilierungen (LRP) oder Korrelationsmethode gebrochener Wellen (KMGW) bekannt geworden (Sollogub u. a. 1979, Giese u. a. 1976). Sie haben das Ziel, über Seismogramm-Montagen zu möglichst langen und dicht belegten Laufzeit/Entfernungs-Kurven LZK (Aufstellungsweiten teilweise über 1000 km, Empfängerabstand im Kilometerbereich) zu gelangen. Verwendet werden dazu vorrangig Tauchwellen, in geringerem Umfang geführte Wellen (Refraktionswellen). Als Finalprodukt wird schließlich eine aus diesen LZK durch sog. seismische Invertierung gewonnene tiefenabhängige Geschwindigkeitsverteilung (Geschwindigkeits/Tiefen-Funktion, GTF) gesucht. Die folgenden Ausführungen widmen sich dieser Problematik. Es sei vollständigkeitshalber erwähnt, daß gegenwärtig auch über erste positive Erfolge bei der Identifizierung und Korrelation von Reflexionswellen aus dem oberen Mantel mit Hilfe des CDP-Stapelprinzips berichtet wird (Steilwinkelreflexionen).

Abb. 1. Ablaufplan zur Bearbeitung tiefenseismischer Untersuchungen durch Invertierung von Laufzeit/Entfernungs-Kurven in Geschwindigkeits/Tiefen-Funktionen bei Einbeziehung der direkten seismischen Aufgabe

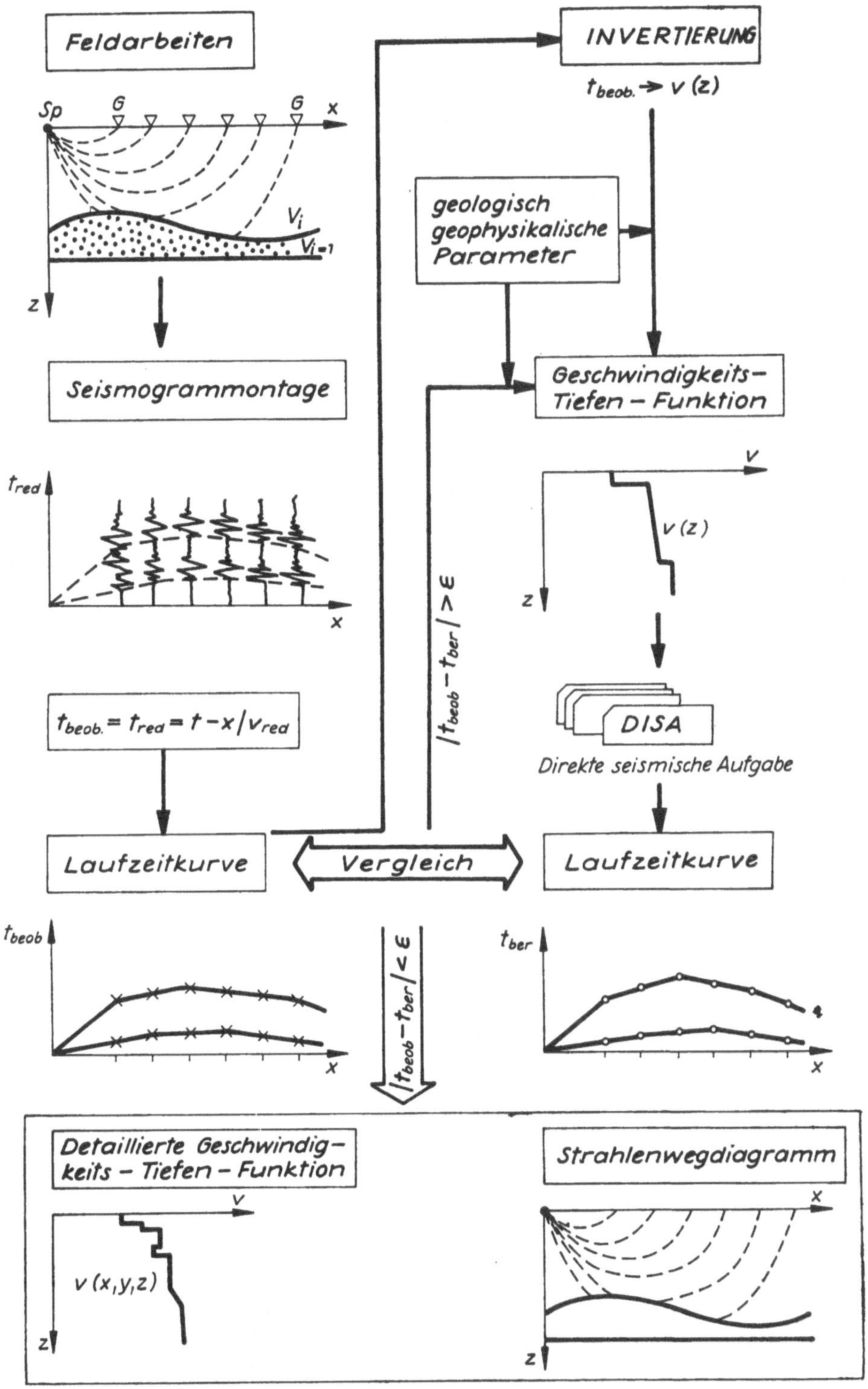
Feldarbeiten
Sp
G
G
x
V_i
V_{i-1}
z
Seismogrammontage
t_{red}
x
$t_{beob.} = t_{red} = t - x/v_{red}$
Laufzeitkurve
t_{beob}
x
INVERTIERUNG
$t_{beob.} \rightarrow v(z)$
geologisch
geophysikalische
Parameter
Geschwindigkeits-
Tiefen – Funktion
v
v (z)
z
$|t_{beob} - t_{ber}| > \varepsilon$
DISA
Direkte seismische Aufgabe
Laufzeitkurve
Vergleich
$|t_{beob} - t_{ber}| < \varepsilon$
t_{ber}
x
Detaillierte Geschwindig-
keits – Tiefen – Funktion
v
v (x, y, z)
z
Strahlenwegdiagramm
x
z

3. *Verfahren zur seismischen Invertierung*

Seismische Registrierungen lassen sich darstellen als Antwort des geologischen Untergrundes auf eine meist impulsförmige Störung des elastischen Gleichgewichtes, beispielsweise durch eine Sprengstoffdetonation $P(t)$. Die Struktur des geologischen Untergrunds wird maßgeblich durch die dreidimensionale Verteilung der Ausbreitungsgeschwindigkeit $v(x, y, z)$ seismischer Wellen charakterisiert. Das beobachtete Wellenfeld läßt sich durch die Funktion $S(x, y, z, t)$ beschreiben. Es gilt nun, beide Funktionen ineinander überzuführen.

$$v(x, y, z) \underset{\text{invers}}{\overset{\text{direkt}}{\rightleftarrows}} S(x, y, z, t).$$

Unter der Annahme, daß wir annähernd horizontale Schichtung bzw. nur in z Geschwindigkeitsänderungen vorliegen haben, vereinfachen sich die beiden Funktionen folgendermaßen:

$$v(z) \underset{\text{invers}}{\overset{\text{direkt}}{\rightleftarrows}} S(x,t).$$

Für die Bestimmung von $v(z)$ aus $S(x,t)$ (Invertierung) gibt es eine Reihe von Verfahren. Allen diesen Verfahren ist gemeinsam, daß schrittweise von der Erdoberfläche ausgehend über strahlengeometrische Beziehungen aus der Laufzeitkurve LZK die Geschwindigkeit und die Schichtmächtigkeit ermittelt werden. Die Summe der Schichtmächtigkeiten ergibt dann die jeweilige Tiefe.

Eine auf diese Art gewonnene Transformation $S(x,t) \rightarrow v(z)$ ist z. B. durch das WIECHERT-HERGLOTZ-Verfahren möglich. Dieses Verfahren ist aber nur anwendbar, wenn folgende Voraussetzungen erfüllt sind:

1. Die Geschwindigkeit muß mit der Tiefe zunehmen.
2. Die Geschwindigkeitszunahme muß kontinuierlich erfolgen.

Neben diesem exakten Verfahren wären noch u. a. die Näherungsverfahren nach KONDRATEV und nach PAVLENKOVA zu nennen. Auch diese Verfahren basieren auf einer kontinuierlichen Geschwindigkeitszunahme mit der Tiefe. Da aber nach den heutigen Erkenntnissen mit Geschwindigkeitssprüngen und Inversionszonen (Zonen mit verminderter Geschwindigkeit) in der Erdkruste zu rechnen ist, können diese Verfahren nur unbefriedigende Ergebnisse liefern. GIESE (1968) gibt ein Näherungsverfahren an, das auch Inversionszonen berücksichtigt. Bei diesem Verfahren erfolgt eine Abschätzung der Geschwindigkeit in Kanälen verminderter Geschwindigkeit durch die in den Inversionszonen hervorgerufenen Zeit- und Wegdifferenzen in der Laufzeitkurve LZK. Durch mehrfache Korrektur können recht gute Ergebnisse erzielt werden. Die Erfahrung hat aber gezeigt, daß auch dieses Näherungsverfahren nicht für jeden Laufzeitkurven-Typ gleich gute Geschwindigkeits/Tiefen-Funktionen GTF liefert (BURKERT u. a. 1975).

Bessere Ergebnisse lassen sich erreichen, wenn man die Lösung der direkten seismischen Aufgabe einbezieht:

$$v(z) \xrightarrow{\text{direkt}} S(x,t) \xrightarrow{\text{invers}} V'(z).$$

Das Kernstück eines derartigen Verfahrens bilden die Berechnungen zur Ausbreitung seismischer Energie in realitätsnahen Modellmedien (numerische Modellseismik).

Abb. 1 zeigt die schematische Darstellung eines solchen Bearbeitungsablaufes. Ausgangspunkt ist die aus den Feldregistrierungen über eine Seismogramm-Montage gewonnene reduzierte Laufzeitkurve. Mit Hilfe eines der oben erwähnten Näherungsverfahren lassen sich diese Laufzeiten zunächst in eine grobe Geschwindigkeits/Tiefen-Funktion invertieren. Diese bildet das Startmodell zu einer Iterationsprozedur. Es werden unter Beachtung der im Felde verwendeten Aufstellungskonfigurationen Laufzeiten nach dem Prinzip der numerischen Modellseismik (DISA-Algorithmus) berechnet und mit den gemessenen LZK verglichen. Abweichungen geben Hinweis auf Änderung der Ausgangsdaten (Startmodell). Unter Einbeziehung geologisch-geophysikalischer Zusatzinformationen aus dem Meßgebiet und durch wiederholte Anwendung des Zyklus „Direkte Aufgabe — Laufzeitvergleich — Modellkorrekturen" läßt sich das gewünschte Inversionsproblem in den meisten Fällen befriedigend lösen.

Als Resultat erhält man eine detaillierte eindimensionale Geschwindigkeitsverteilung nebst Strahlenwegdiagramm oder je nach Bedarf ein mehrdimensionales geologisches Modell mit gekrümmten Schichtgrenzen. Die durch das bekannte Äquivalenzprinzip bedingte Mehrdeutigkeit in der Variation von Struktur und Substanz kann durch Zusatzinformationen und Kontrolloperationen in vertretbaren Grenzen gehalten werden.

Die Detailtreue des so gewonnenen Untergrundmodells hängt außer von der Qualität des Primärmaterials auch von der Leistungsfähigkeit des verwendeten Algorithmus der numerischen Modellseismik ab. Das von uns eingesetzte DISA-Verfahren arbeitet auf der Basis der strahlengeometrischen Optik und erlaubt die Behandlung dreidimensionaler Modelle mit gekrümmten Schichtgrenzen und variablen Geschwindigkeitsgradienten einschließlich einer Abschätzung des Amplitudenverhaltens (Jacobs 1977, Jacobs, Meyer, Gaertner in diesem Heft).

4. Anwendungsbeispiele zur Invertierung mittels numerischer Modellseismik

An Hand von Meßergebnissen tiefenseismischer Untersuchungen aus dem Nord- bzw. Südteil der DDR (Abb. 2) wurden Invertierungen mittels numerischer Modellseismik durchgeführt.

Das Meßgebiet I liegt im Norden der DDR im Sedimentbereich. Hier wurden von einem explosionsseismologischen Profil die Registrierungen zweier Sprengungen ausgewählt, wobei SP I/A im Süden und SP I/B im Norden des Meßgebietes lagen. Aus den registrierten Seismogrammen ließen sich Montagen anfertigen. Abb. 3 zeigt die Seismogramm-Montage von SP I/A. Durch Verbinden der ersten Einsätze konnten die Laufzeitkurvenäste a, a-b_1 und d ermittelt werden. Auch der rücklaufende c-Ast wurde an Hand markanter Einsätze identifiziert. Deutlich ist zu erkennen, daß die Laufzeitkurve zwischen dem a-Ast und dem a-b_1-Ast einen Sprung aufweist.

Mit den Verfahren nach Wiechert-Herglotz oder Pavlenkova war es bei der Invertierung nicht möglich gewesen, diesen Sprung und auch den rücklaufenden c-Ast mit zu berücksichtigen. Mittels numerischer Modellseismik wurde ebenfalls eine Invertierung dieser Laufzeitkurve versucht. Abb. 5 zeigt die daraus ermittelte Geschwindigkeits/Tiefen-Funktion A. Die Abweichungen der berechneten Laufzeitkurve von der aus der Seismogramm-Montage ermittelten Laufzeitkurve betrug maximal 0,1 s. Der dadurch verursachte Fehler, übertragen auf die Geschwindigkeits/Tiefen-Funktion ist so gering, daß er von anderen möglichen Fehlern überdeckt wird.

Für SP I/B wurde ebenfalls eine Seismogramm-Montage angefertigt (Abb. 4). Die

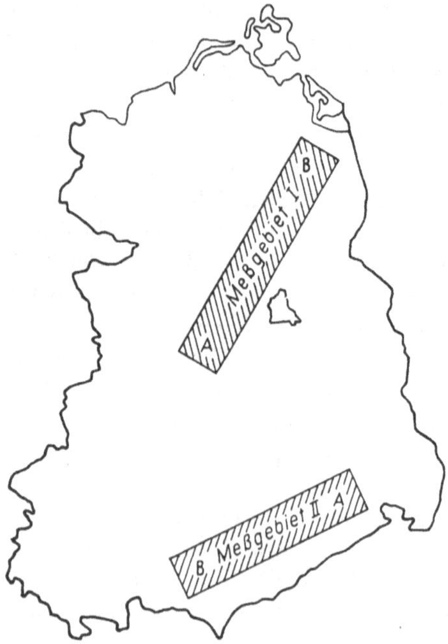

Abb. 2. Lage der tiefenseismischen Meßgebiete

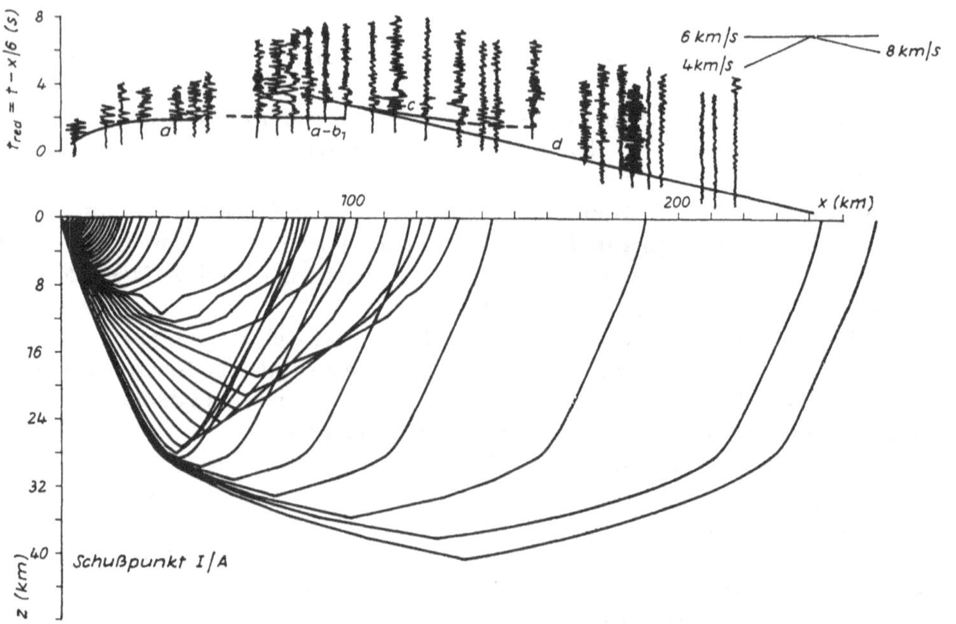

Abb. 3. Seismogramm-Montage und Strahlenweg-Diagramm für SP I/A (Vertikalkomponente

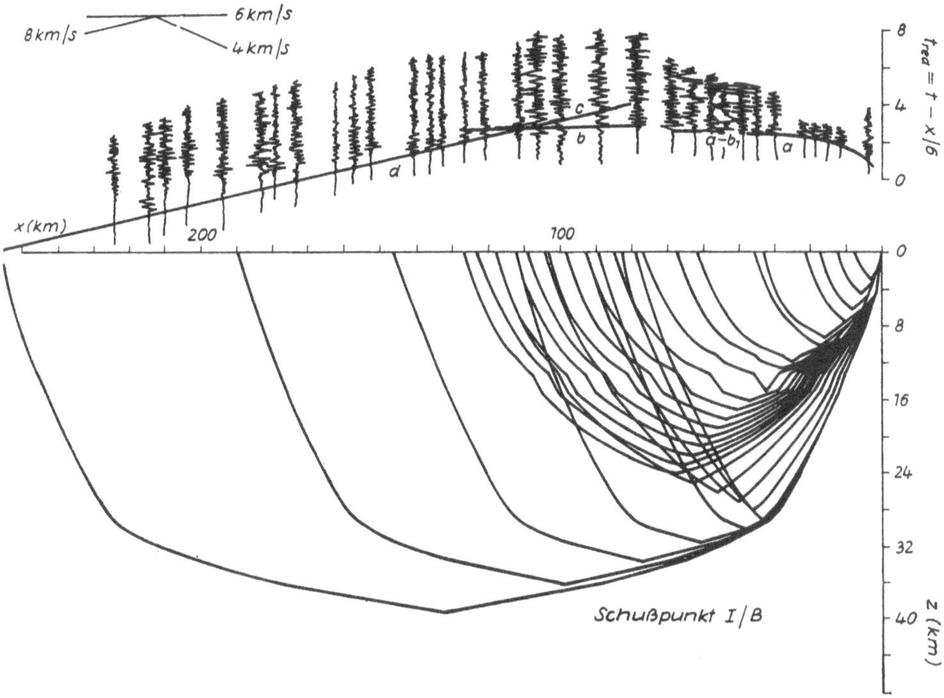

Abb. 4. Seismogramm-Montage und Strahlenweg-Diagramm für SP I/B (Vertikalkomponente)

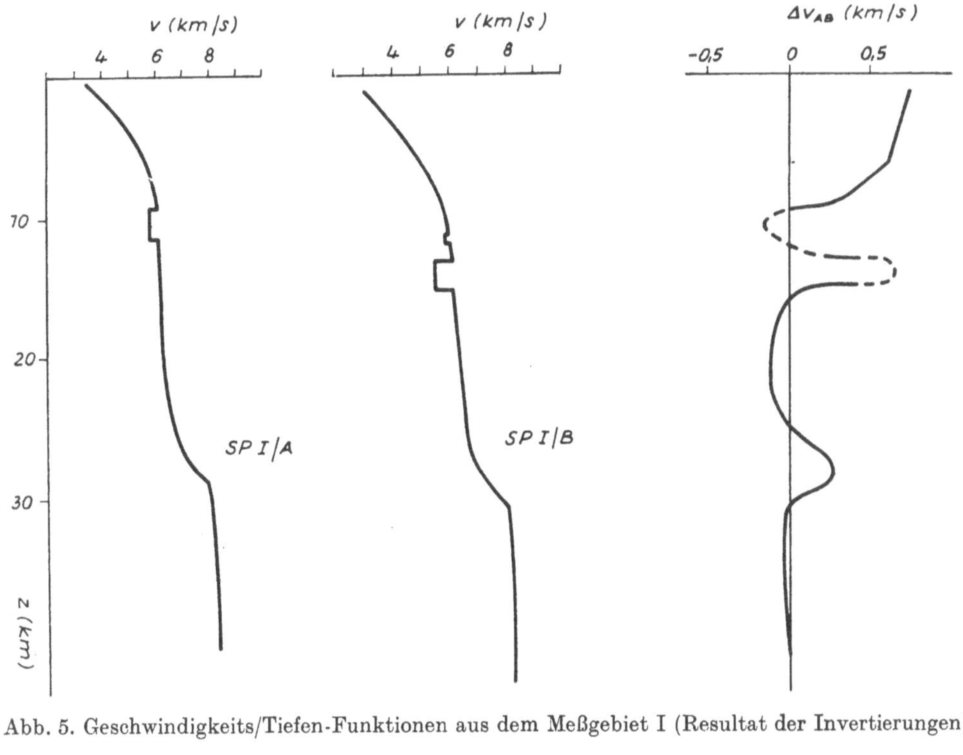

Abb. 5. Geschwindigkeits/Tiefen-Funktionen aus dem Meßgebiet I (Resultat der Invertierungen)

daraus ermittelte Laufzeitkurve weist zwei Sprünge auf: zwischen dem a-Ast und dem a-b_1-Ast und zwischen dem a-b_1-Ast und dem b-Ast. Mittels numerischer Modellseismik wurde auch hier eine Invertierung durchgeführt und die in Abb. 5 gezeigte Geschwindigkeits/Tiefen-Funktion B ermittelt.

Bei der Gegenüberstellung der Geschwindigkeits-Tiefen-Funktionen von SP I/A und SP I/B ist festzustellen, daß die Geschwindigkeit zunächst kontinuierlich ansteigt, was für sedimentäre Ablagerungen in einem Becken als typisch anzusehen ist. Bei beiden Geschwindigkeits-Tiefen-Funktionen wurden in etwa 10 km Tiefe Inversionszonen festgestellt. Über die substantielle Ausbildung dieser Inversionszonen (low velocity-zones) können keine näheren Aussagen gemacht werden. Für eine geologisch-tektonische Deutung gibt es 2 Möglichkeiten:

— Die Ursache für die Inversionszonen kann eine horizontale Störung sein. In der Tiefe von etwa 10 km und einem Geschwindigkeitsbereich von 6 bis 6,2 km/s ist im Meßgebiet I die Conrad-Diskontinuität zu erwarten. Diese muß aber durchaus nicht unbedingt eine seismische Grenze mit solch einer Geschwindigkeits-Inversion sein (Kopf, 1976).
— Ursache für die Inversionszonen können auch vertikale Störungen sein. Die Wellen, deren Strahlenwege ihren Scheitelpunkt kurz vor oder innerhalb von Tiefenbrüchen haben, erreichen möglicherweise die Erdoberfläche nicht wieder oder treffen verspätet ein, so daß es zu einer Schattenzone kommt (vertikale „Inversionszone").

Unterhalb der Inversionszonen wurde ein Bereich mit nur sehr geringer Geschwindigkeitszunahme festgestellt. Er reicht bis zu einer Tiefe von über 25 km. Es handelt sich hierbei sehr wahrscheinlich um das Kristallin des Grundgebirges. Die danach stark ansteigende Geschwindigkeit deutet auf den Übergang zum oberen Mantel hin.

Als Definition der Mohorovičić-Diskontinuität gibt Giese (1968) den Bereich in der Geschwindigkeits/Tiefen-Funktion an, in dem der größte Geschwindigkeitsgradient im Bereich zwischen 7,5 und 8,5 km/s auftritt. Genau das trifft in den ermittelten Geschwindigkeits/Tiefen-Funktionen in einer Tiefe von etwa 30 km zu. Die Geschwindigkeit beträgt in dieser Tiefe 8 km/s. Darunter bleibt dann die Geschwindigkeit ziemlich konstant bei 8,3 km/s.

Die Differenz beider Geschwindigkeits/Tiefen-Funktionen $v_{SPI/A}-v_{SPI/B}$ ist ebenfalls in Abb. 5 dargestellt. Die Geschwindigkeit der Sedimente (oberer Bereich) im südlichen Teil des Meßgebietes I ist größer, bzw. die Sedimente mit größerer Geschwindigkeit liegen höher, so daß mit einem Absinken in nördlicher Richtung zu rechnen ist. Darauf deutet auch die tiefere Lage der Inversionszone bei SP I/B hin. Die unterschiedliche Lage der Inversionszonen bewirkt Schwankungen im Bereich zwischen 10 und 15 km Tiefe. Im Bereich zwischen 25 und 30 km Tiefe tritt nochmals eine größere Abweichung der Geschwindigkeiten beider Geschwindigkeits/Tiefen-Funktionen auf. Dies wird durch die unterschiedliche Tiefenlage der Mohorovičić-Diskontinuität bewirkt. Sie liegt im südlichen Teil des Meßgebietes um etwa 1—2 km höher.

Man beachte, daß eine punktförmige Zuordnung der Funktionen $v(z)$ auf dem Profil nicht möglich ist. Die Geschwindigkeitswerte beziehen sich immer gerade auf den Tiefenpunkt, der dem jeweiligen Scheitelpunkt der Tauchwelle entspricht (siehe Strahlenwegdiagramme der Abb. 3 und 4).

Nähere Einzelheiten über die tiefenseismischen Untersuchungen im Meßgebiet I finden sich bei Haacke (1978).

Im folgenden wird die Invertierung für Untersuchungen aus dem Südteil der DDR gezeigt. Das Meßgebiet II (vgl. Abb. 1) zeichnet sich weitgehend durch anstehendes Festgestein aus. Der Untergrund der Station II/A besteht z. B. aus Hornblendeschiefer mit Quarzporphyrgängen. Station II/B steht an der Grenze des Eibenstocker Granits zum Ordovizium. Das Ziel der Untersuchungen bestand in der Aufstellung einer detaillierten Geschwindigkeits/Tiefen-Abhängigkeit in den obersten 5 km, mit deren Hilfe in weiterführenden Auswertungen Aussagen über die strukturellen Verhältnisse des Untergrundes gemacht werden können.

Im Gegensatz zu dem oben aufgeführten Beispiel wurde hier mit einem feststehenden Empfänger — Station A bzw. B gearbeitet, der etwa in der Mitte des Profils aufgestellt war (Zentralaufstellung). Die Schußpunkte wurden in fast regelmäßigen Abständen über das Profil verteilt angeordnet und in zeitlicher Reihenfolge nacheinander abgearbeitet.

Die Registrierung der Ereignisse erfolgte mit einer 3-Komponenten-Station, zu der ein Seismographensatz bestehend aus zwei Horizontal- und einem Vertikalkomponentenseismographen und ein Registriergerät zum digitalen Aufnehmen der Ereignisse auf Magnetbandkassette gehörten.

Da im allgemeinen zu erwarten ist, daß für die Welleneinsätze der vertikalen Bodenauslenkung die P-Wellen (Longitudinalwellen) ausschlaggebend sind, wurden die Montagen der Vertikalkomponente mit einer Reduktionsgeschwindigkeit $v_{red} = 6$ km/s angefertigt. Zusätzlich wurden Seismogramm-Montagen der E-W-Komponente gewonnen, die in reduzierter Form ($v_{red} = 3{,}5$ km/s wegen der zu erwartenden S-Welleneinsätze (Transversalwellen)) vorliegen. Abb. 6 zeigt die Montage der Vertikalregistrierungen auf dem östlichen Profilabschnitt an der Station II/A.

In die Seismogramm-Montagen wurden Korrelationen der ersten Welleneinsätze (P- und S-Wellen) eingezeichnet. Dazu wurden die Seismogrammspuren visuell verglichen, wobei als entscheidendes Merkmal eine Amplitudenänderung innerhalb einer Spur angesehen wurde. Bei der Korrelation der Einsatzzeiten ergaben sich Streuungen der gemessenen Einsätze um die korrelierten Laufzeitkurven, die in der Größenordnung zwischen $\pm 0{,}1$ und 0,2 s lagen, was auf Meß- und Auswerteungenauigkeiten hinweist.

Im Durchschnitt konnten in allen Laufzeitkurven vier Äste unterschieden werden (Vierschichtmodelle). Hinzu kam auf der rechten Profilhälfte eine mögliche Inversionszone, was aus einer Versetzung der Laufzeitkurvenäste entnommen wurde. Außerdem bestand die Möglichkeit einer zweiten schwach ausgebildeten Inversionszone in größerer Tiefenlage.

Die Auswertung dieser Laufzeitdaten erfolgte unter Einbeziehung der numerischen Modellseismik. Die Geschwindigkeits-Tiefen-Modelle mußten während der Auswertung mehrmals variiert werden, um zu einer möglichst guten Übereinstimmung zwischen gemessenen und theoretischen Kurven zu gelangen. Die Abweichungen betrugen bei den hier vorgestellten Modellen maximal $\pm 0{,}05$ s. Dies lag innerhalb der Fehlergrenze.

Bei einer derartigen Auswertung sollte man nicht vergessen, daß keine unendlich dichte Belegung der Laufzeitkurvenäste mit gemessenen Einsätzen vorlag und deshalb noch andere Korrelationen im Bereich des Möglichen lagen, die zwangsläufig zu geänderten Geschwindigkeiten geführt hätten. Es zeichnet sich aber ab, daß die Auswertung der beiden betrachteten Komponenten (Vertikal- und E-W-Komponente) z. T. eine recht gute Übereinstimmung aufweist, was für die hier angenommene Korrelation sprach.

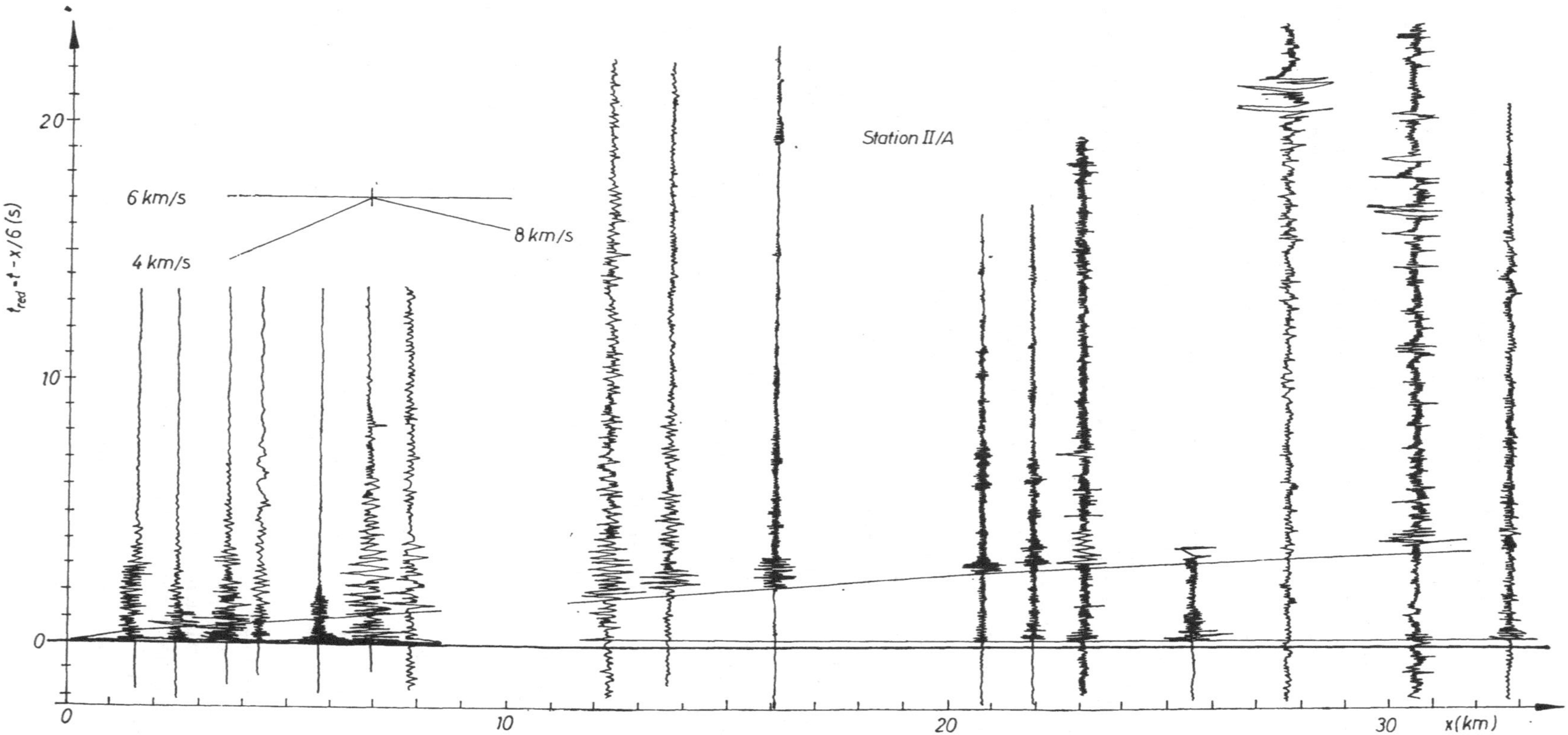

Abb. 6. Seismogramm-Montage von Station II/A (östlicher Profilabschnitt, Vertikalkomponente)

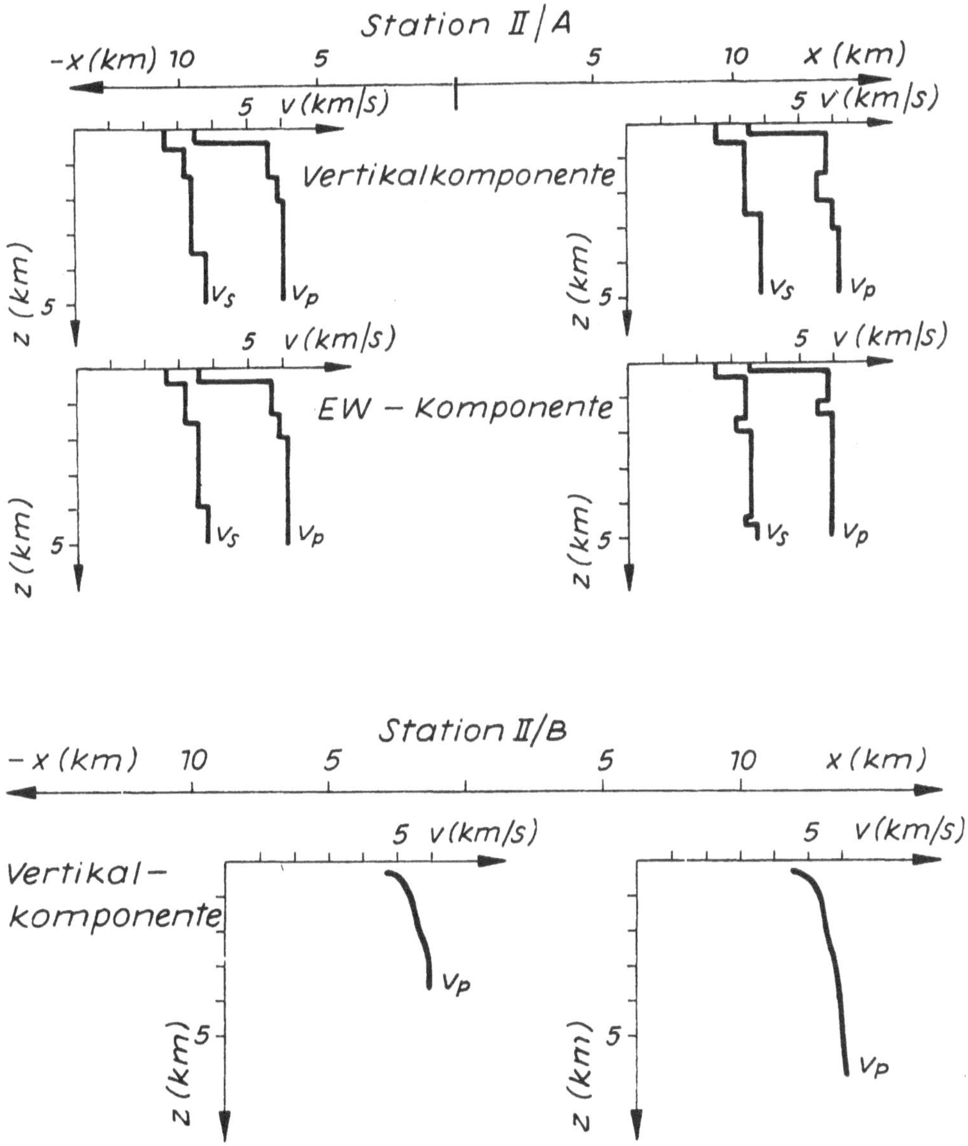

Abb. 7. Geschwindigkeits/Tiefen-Funktionen aus dem Meßgebiet II (Resultat der Invertierung)

Nähere Einzelheiten zur Gewinnung und Bearbeitung des Meßmaterials sowie eine Gesamtdarstellung der Resultate finden sich bei Apitz (1979).

Tabelle 1 und Abb. 7 enthalten einige Angaben zur tabellarischen und grafischen Veranschaulichung der Zusammenhänge.

Beim Betrachten dieser Geschwindigkeits/Tiefen-Funktionen ist zunächst der Geschwindigkeitssprung in einer Tiefe von ca. 400 m auffallend. Ähnliche Beobachtungen (allerdings in geringeren Tiefen) konnten schon bei Vertikalprofilierungen in diesem Gebiet gemacht werden. Es ist anzunehmen, daß die Ursachen weniger petrophysikalischer Natur als vielmehr auf Verwitterungen (und damit verbunden unterschiedliche Porenfüllung) zurückzuführen sind. Das Auffinden eines Zusammenhanges zwischen seismischen und geologischen Angaben soll jedoch an dieser Stelle nicht angestrebt werden. Auf Abb. 7 sind im unteren Teil die aus den Vertikalkomponenten der P-Wellen gewonnenen Geschwindigkeiten auch für die Station II/B dargestellt. Der sehr feingliedrige Kurvenverlauf resultiert aus dem hier sehr detailliert gewählten Ansatz des numerischen seismischen Modells. Nur in den obersten 100 Metern ist eine relativ niedrige Geschwindigkeit der seismischen Wellen zu beobachten. Sie wird entweder durch eine geringmächtige Sedimentbedeckung oder verwittertes kristallines Gestein verursacht. Danach steigt die Geschwindigkeit bis etwa 5,5 km/s stark an und ändert sich dann mit zunehmender Tiefe nur noch geringfügig. Inversionszonen konnten nicht

Tabelle 1. Resultate der Invertierung der Laufzeit/Entfernungskurven an Station II/A

P-Wellengeschwindigkeiten				
Auswertung von:	linker Profilabschnitt		rechter Profilabschnitt	
	Tiefe (km)	v_p (km/s)	Tiefe (km)	v_p (km/s)
E-W-Komponente	0	3,55	0	3,5
	0,4	3,55	0,3	3,5
	0,4	5,6	0,3	5,8
	1,4	5,6	1,2	5,8
	1,4	5,8	1,2	5,5
	2,0	5,8	1,6	5,5
	2,0	6,0	1,6	5,9
	5,0	6,0	5,0	5,9
Vertikalkomponente	0	3,55	0	3,55
	0,4	3,55	0,3	3,55
	0,4	5,6	0,3	5,8
	1,4	5,6	1,5	5,8
	1,4	5,8	1,5	5,5
	2,0	5,8	2,2	5,5
	2,0	6,0	2,2	6,0
	5,0	6,0	3,0	6,0
			3,0	6,15
			5,0	6,15

Tabelle 1 (Fortsetzung)

S-Wellengeschwindigkeiten

Auswertung von	linker Profilabschnitt		rechter Profilabschnitt	
	Tiefe (km)	v_s (km/s)	Tiefe (km)	v_s (km/s)
E-W-Komponente	0	2,5	0	2,5
	0,5	2,5	0,4	2,5
	0,5	3,15	0,4	3,4
	1,6	3,15	1,6	3,4
	1,6	3,5	1,6	3,1
	4,0	3,5	1,9	3,1
	4,0	3,8	1,9	3,5
	5,0	3,8	4,5	3,5
			4,5	3,45
			4,6	3,45
			4,6	3,7
			5,0	3,7
Vertikalkomponente	0	2,5	0	2,5
	0,5	2,5	0,5	2,5
	0,5	3,15	0,5	3,4
	1,3	3,15	2,6	3,4
	1,3	3,35	2,6	3,8
	3,5	3,55	5,0	3,8
	3,5	3,7		
	5,0	3,7		

festgestellt werden. Ein etwas stärkerer Geschwindigkeitsgradient in etwa 2 km Tiefe deutet auf etwaige Inhomogenitäten im Granitmassiv hin.

Die Verfasser danken dem Zentralinstitut für Physik der Erde der AdW, Potsdam und dem VEB Geophysik Leipzig für die Unterstützung bei der Durchführung der Arbeiten.

6. Literatur

Apitz, E., Untersuchungen zur Ausbreitung elastischer Wellen in geschichteten Medien mit zweidimensionalen Geschwindigkeitsverteilungen unter besonderer Berücksichtigung des Aufbaus der Erdkruste im Südteil der DDR. Unveröff. Diplomarbeit, KMU Leipzig, Sektion Physik, 1979.

Burkert, W., Nowak, W.-E., Richter, K.-H., Bestimmung von P-Wellen-Geschwindigkeiten für größere Tiefen nach Refraktionslaufzeitkurven. Unveröff. Gutachten, VEB Geophysik Leipzig, 1975.

Giese, P., Versuch einer Gliederung der Erdkruste im nördlichen Alpenvorland, in den Ostalpen und in Teilen der Westalpen mit Hilfe charakteristischer Refraktionslaufzeitkurven sowie eine geologische Deutung. Publ. d. Inst. f. Met. u. Geoph., Berlin, Bd. 1, H. 2, 1968.

Giese, P., Prodehl, C., Stein, A., Explosion Seismology in Central Europe. Springer-Verlag Berlin, Heidelberg 1976.

GRÜNTHAL, G., Zur Methodik der Untersuchungen der Krustenstruktur im Nordteil der DDR auf der Grundlage von seismischen und seismologischen Daten. Unveröff. Diss. A, KMU Leipzig, Sektion Physik, 1974.

HAACKE, B., Ein Beitrag zur Tiefenerkundung im Nordteil der DDR durch Auswertung seismischer Registrierungen. Unveröff. Diplomarbeit, KMU Leipzig, Sektion Physik, 1978.

JACOBS, F., Zur Lösung der direkten Aufgabe bei der Ausbreitung seismischer Wellen in inhomogenen Medien unter besonderer Berücksichtigung von erkundungsseismischen Problemstellungen auf dem Gebiet der DDR. Unveröff. Diss. B, KMU Leipzig, 1977.

JACOBS, F., MEYER, H., GAERTNER, H., Zur zwei- und dreidimensionalen modellseismischen Bearbeitung geologischer Strukturen. (In diesem Heft.)

KNOTHE, C., Zur Auswertung tiefenseismischer Sondierungen im Süden der DDR. WTI **11** (1970) Sonderheft 5, S. 26–35.

KOPF, M., Die Teufenabhängigkeit der petrophysikalischen Parameter Dichte, Geschwindigkeit, Schallhärte und Reflexionskoeffizient. Unveröff. Diss. B, KMU Leipzig, 1977.

LANGE, W., Beiträge zur regionalen tiefenseismischen Erkundung des Nordteils der DDR (KMgW-u. „Semlja"-Programm 1963–1971). Unveröff. Diss. A, KMU Leipzig, Sektion Physik, 1973.

NOWAK, W.-E., Über den Einsatz tiefenseismischer Verfahren zur Untersuchung der Erdkruste. Geophysik und Geologie, Geophys. Veröff. d. KMU Leipzig, Dritte Serie, Bd. II (1979) H. 1.

SOLLOGUB, W. B., GUTERCH, A., MILITZER, H., OESBERG, R.-P., PORSTENDORFER, G., Der Aufbau von Erdkruste und oberem Mantel längs der internationalen Geotraverse IV (Taganrog–Rawa Ruska–Czestochowa–Wroclaw–Nordwesten der DDR). Neue Bergbautechnik **9** (1979) 3, 126–132.

Geophys. u. Geol. Geophys. Veröff. d. KMU Leipzig Bd. II H. 3 S. 45–58 Berlin 1981

Geochemische Untersuchungen an Basalten mittels Gamma- und Mößbauer-Spektrometrie

G. Just und C. Michalk[1]

Zusammenfassung: Für eine Reihe sächsischer Tertiärvulkanite und devonischer Diabase aus dem Südteil der DDR wurden die Gehalte an Thorium, Uran und Kalium mittels Quantenspektroskopie bestimmt. Der Vergleich mit Sammlungsmaterial und verschiedenen Literaturangaben ermöglichte die Einteilung in Gruppen und den Versuch einer geochemischen Rayonierung.

An typischen Vertretern der vorgefundenen Gruppen basischer Vulkanite wurden Mössbauer-Messungen durchgeführt. Dabei konnten Angaben über die Verteilung des Eisens in den Mineralen von Olivin und Pyroxen und die unterschiedlichen Oxydationsstufen erhalten werden. Die Ergebnisse werden im Zusammenhang mit Untersuchungen an separierten Olivin- und Augitkristallen sowie lunaren Basalten diskutiert.

Im Vordergrund steht dabei die Zielstellung, mit geringem experimentellen Aufwand eine Angabe zur magmatischen Differentiation zu erhalten.

1. *Einleitung*

Geochemische Untersuchungen an basischen Gesteinskomplexen sind in den letzten Jahren interessant geworden. Die Ergebnisse werden sowohl im Zusammenhang mit der stofflichen Interpretation des Erdmantels als auch zum Vergleich der Genese von Erde und Mond benötigt. Radiometrische Untersuchungen zur quantitativen Bestimmung der Gehalte an Thorium und Uran liefern einerseits geochemische Informationen, lassen sich aber auch zur Bestimmung petrophysikalischer Parameter wie die radiogene Wärmeproduktion als Eingabegröße bei der Berechnung von geothermischen Modellen heranziehen.

Solche Untersuchungen werden an der Karl-Marx-Universität seit 1960 durchgeführt (Lauterbach, 1962, 1971).

Im Verlaufe der magmatischen Differentiation reichern sich die Elemente Thorium, Uran und Kalium in den leichten sauren Gesteinskomplexen, den Graniten und Granodioriten mit Dichten um 2,67 bzw. 2,72 g · cm^{-3}, an. Basische Materialien, die in der unteren Erdkruste und im oberen Erdmantel anzutreffen sind, Gabbro und Peridotit, enthalten weniger Thorium und Uran und zeichnen sich durch höhere Dichten aus (2,98 bzw. 3,23 g · cm^{-3}).

[1] Anschriften der Verfasser:
Doz. Dr. rer. nat. C. Michalk, Karl-Marx-Universität, Sektion Physik, DDR-7010 Leipzig, Linnéstraße 5;
Dipl.-Geophys. J. Just, Karl-Marx-Universität, Sektion Physik, Wissenschaftsbereich Geophysik, DDR-7010 Leipzig, Talstraße 35.

Damit deutet sich bereits an, daß bei der Zunahme der Gesteinsdichte, bei zunehmender Basizität die Gehalte an radioaktiven Elementen geringer werden, die Durchführung von quantitativen Analysen erschwert wird. Die folgende Tabelle 1 zeigt am Beispiel allgemeingültiger Mittelwerte die Gehalte an Thorium, Uran und Kalium in wichtigen Gesteinen, die am Aufbau der oberen Erdkruste und der Grenze Kruste—Mantel beteiligt sind.

Diese Mittelwerte lassen sich bei der Erarbeitung von geochemischen und geophysikalischen Modellen nicht auf regionale Probleme übertragen.

Da neben der gesetzmäßigen Abnahme der natürlichen Radioaktivität in basischen Gesteinsassoziationen der Gehalt an Eisen beträchtliche Werte erreichen kann (Mittelwert für Basalte bei 5,4% Fe_2O_3 und 6,4% FeO), wurde versucht, durch den Einsatz de

Tabelle 1. Gehalte an Thorium, Uran und Kalium in wichtigen Gesteinskomplexen nach CLARK (1966), WAKITA (1967)

Gestein	Thorium	Uran	Kalium	Th/U
Granit/Rhyolith	16,0	3,9	3,6	4,1
Granodiorit/Dacit	9,0	2,3	2,6	3,9
Diorit, Quarzdiorit/Andesit	7,0	1,7	1,1	4,1
Gabbro/Basalt	1,6	0,5	0,4	3,2
Peridotit	0,06	0,02	0,006	3,0

MÖSSBAUER-Spektrometrie eine weitere Möglichkeit zur geochemischen Einordnung von Basalten zu erhalten. Durch Anwendung der rückstoßfreien Kernresonanzabsorption des MÖSSBAUER-Überganges einer ^{57}Fe-Quelle erhält man eine integrierende Methode, die es ermöglicht, an einigen 100 mg Substanz die Verteilung des Eisens in den Mineralen Olivin und Pyroxen zu bestimmen.

Durch Anwendung der Neutronenaktivierungsanalyse zur quantitativen Bestimmung von Thorium und Uran sowie einer MÖSSBAUER-Untersuchung besteht die Möglichkeit, Informationen zur geochemischen Einordnung geringer Probenmengen wie basischer Xenolithe und extraterrestrischer Materialien schnell und zerstörungsfrei in die Hand zu bekommen.

2. *Meßmethodik*

2.1. Bestimmung der Gehalte an Thorium, Uran und Kalium

Die Bestimmung der Gehalte an radioaktiven Elementen in geologischen Materialien, speziell magmatischen Gesteinen erfolgt in der Regel über die Quantenspektroskopie. Dabei besteht bei Vorhandensein größerer Probenmengen die Möglichkeit, durch Ausnutzung der natürlichen γ-Strahlung von ^{214}Pb, ^{214}Bi, ^{228}Ac, ^{208}Tl und ^{40}K quantitative Angaben zu erhalten. Bei kleineren Probenmengen, aber auch bei sehr geringen Aktivitäten, wie sie bei extrem basischen und ultrabasischen Gesteinen in der Regel auftreten, kann die spektrometrische Messung nach einer Aktivierung im Kernreaktor des ZfK Rossendorf erfolgen (JUST, LAUTERBACH, LOSS, 1979). Die Kernreaktionen

$$^{238}U\ (n;\gamma)\ ^{239}U \rightarrow {}^{239}Np \quad \text{und}$$

$$^{232}Th\ (n,\gamma)\ ^{233}Th \rightarrow {}^{233}Pa$$

ühren zur Entstehung der Nuklide ^{239}Np und ^{233}Pa, deren γ-Übergänge mit Halbwertszeiten von 2,33 d bzw. 27 d erfolgen und bei Anwendung von hochauflösenden Ge(Li)-Halbleiterdetektoren sehr günstige Arbeitsmöglichkeiten bieten.

Die untersuchten sächsischen Tertiärvulkanite und devonischen Diabase wurden, soweit es möglich war, im Gelände entnommen und nach entsprechender Aufbereitung (Korngröße 1 mm, Einstellung des Radongleichgewichtes) unter Einsatz von je 2000 g Material gemessen. Dabei wurden wahlweise NaJ(Tl)-Szintillationsdetektoren bzw. Ge(Li)-Halbleiterdetektoren und Vielkanalanalysatoren (Nuclear Chicago bzw. Eigenbau ZfK Rossendorf) verwendet. Handstücke aus den Sammlungen des Wissenschaftsbereiches Geophysik der KMU wurden zerstörungsfrei nach einer entsprechenden Eichung (SCHREITER, 1979) untersucht, oder es wurden Splitter abgeschlagen, die analog den lunaren Materialien (LUNA 16, LUNA 20, LUNA 24) mittels Neutronenaktivierungsanalyse untersucht wurden.

Als Resultat der radiometrischen Untersuchungen stehen quantitative Angaben zur Verteilung von Thorium, Uran und Kalium zur Verfügung, aus denen sich leicht die radioaktive Wärmeproduktion berechnen läßt.

2.2. Zur Identifizierung von Pyroxen und Olivin mittels MÖSSBAUER-Spektrometrie

Die MÖSSBAUER-Spektrometrie wird bei Verwendung des Eisenisotops ^{57}Fe seit einiger Zeit für mineralogische Untersuchungen eingesetzt. Aktivierend für den Einsatz wirkte zweifelsfrei die Untersuchung lunarer Basalte in vielen Institutionen. So ermöglichen Isomerieverschiebung und Quadrupolaufspaltung eines MÖSSBAUER-Spektrums Rückschlüsse auf verschiedene elektrische und magnetische Wechselwirkungen zwischen Kern und Elektronenhülle, die das energetische Grundniveau und das angeregte Niveau des untersuchten MÖSSBAUER-Atoms (hier ^{57}Fe) verändern. Die unterschiedliche Isomerieverschiebung kann zur Feststellung der vorhandenen Oxydationsstufen des Eisens herangezogen werden. Eine Unterscheidung zwischen den Mineralen Olivin und Pyroxen läßt sich auf Grund der verschiedenen Quadrupolaufspaltung der Spektren treffen.

Olivin $(Mg, Fe)_2/SiO_4/$
Augit $Ca(Mg, Fe, Al)/(Si, Al)_2O_6/$

Die Werte der Quadrupolaufspaltung bei Olivin wurden mit
$\Delta/2 = 1{,}5$ mm/s und für Pyroxen mit $\Delta/2 = 1{,}3$ mm/s (M 1) bzw. $\Delta/2 = 1{,}0$ mm/s (M 2) bestimmt (ZEMCIK und RACLAVSKY, 1973).

Ein von uns gemessenes Beispiel für die Quadrupolaufspaltung von Olivin und Augit zeigt Abb. 1. Als Olivin stand ein Xenolith aus dem Osterzgebirge zur Verfügung (Altenberg), während stellvertretend für Pyroxen mit einem Augit aus dem Elbsandsteingebirge (Seufzergründel) und dem Ätna (Italien) gearbeitet wurde.

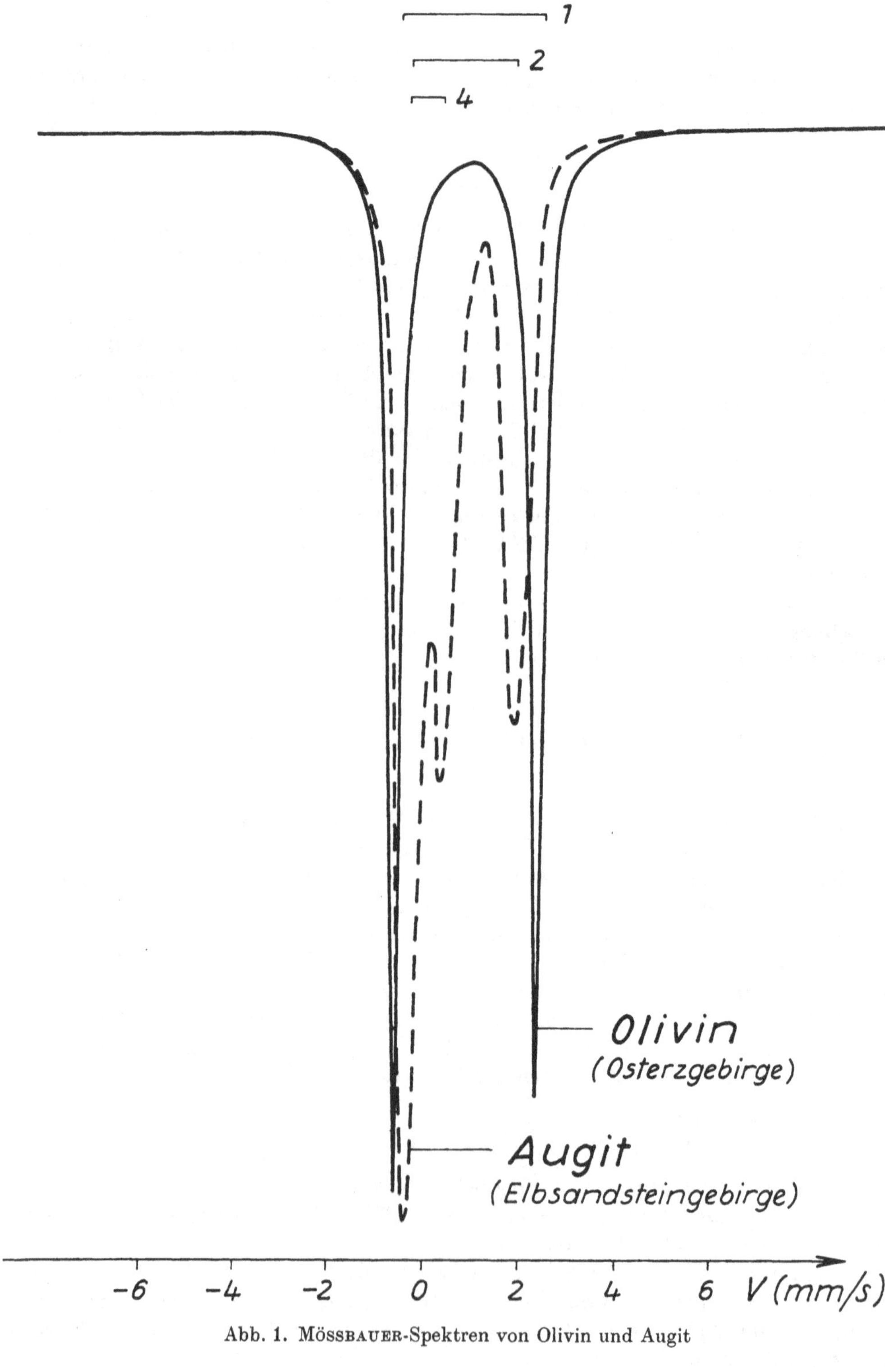

Abb. 1. MÖSSBAUER-Spektren von Olivin und Augit

Neben den stark aufgespaltenen Dubletts von Teilspektrum 1 (Olivin) und Teilspektrum 2 (Pyroxen M 2) läßt sich in der Augitprobe ein hoher Anteil an Fe^{3+} erkennen (Teilspektrum 4).

Die Verteilung von Mg^{2+} und Fe^{2+} auf die nichtäquivalenten Oktaederplätze M 1 und M 2 im Pyroxen ermöglicht nach VIRGO und HAFNER (1969) Rückschlüsse auf die Vorgeschichte des Materials. Eine langsam erfolgte Abkühlung, die im irdischen Orthopyroxen in der Regel realisiert sein dürfte, bewirkt die fast ausschließliche Anordnung der Fe^{2+}-Ionen auf den M-2-Plätzen. Dagegen führt schnelles Abschrecken von Temperaturen oberhalb 800 °C oder hohe Druckbeanspruchung zu einer Verstärkung der Unordnung in der Verteilung von Fe^{2+} und Mg^{2+} (HAFNER, 1973).

Eine eindeutige Trennung der beiden Teilspektren von Fe^{2+} im Olivin und im Pyroxen wird erschwert, wenn man zweiwertiges Eisen auf den M-1-Plätzen des Pyroxens nicht vernachlässigen kann.

Im Rahmen der hier vorgestellten Untersuchungen wurden von einigen ausgewählten basischen Tertiärvulkaniten, deren radiometrische Kennziffern (Gehalt an Thorium und Uran) sie als repräsentativ für ein bestimmtes Gebiet erkennen ließen, MÖSSBAUER-Spektren aufgenommen. Die pulverisierten Proben (ca. 300 mg) wurden unter Verwendung eines Spektrometers SM-6 (VR Polen) und eines Vielkanalanalysators (NTA 1024, VR Ungarn) untersucht. Als Strahlungsquelle (Mößbauerübergang bei 14,4 KeV) wurde ein ^{57}Fe-Präparat in Pd mit einer Aktivität von 10 mCi verwendet. Die Messungen erfolgten bei Raumtemperatur.

3. Darstellung der Meßergebnisse im Zusammenhang mit Petrochemie und regional-tektonischer Stellung der sächsischen Tertiärvulkanite

Die ersten γ-Spektrogramme schwach aktiver magmatischer Gesteine aus dem Südteil der DDR wurden unter Verwendung von Einkanalanalysatoren registriert (LAUTERBACH, 1962, 1964). Im Mittelpunkt des Interesses standen bereits damals die Basalte. Als Vertreter tiefer Regionen der Erdkruste und des oberen Erdmantels gelangen sie in Verbindung mit vulkanischen Aktivitäten zur Erdoberfläche. Damit stehen uns Informationen über den stofflichen Bestand und verschiedene physikalische Eigenschaften im Grenzbereich Kruste—Mantel zur Verfügung. Wir erhalten Angaben zur magmatischen Differentiation und über regionale geochemische Besonderheiten im Sinne einer Unterscheidung von Vulkanprovinzen.

Seinerzeit gelangte LAUTERBACH zu folgenden Schlußfolgerungen, die in der Zwischenzeit durch Arbeiten seiner Schüler und analoge Untersuchungen in anderen Institutionen bestätigt und präzisiert werden konnten.

- die Radioaktivität und damit der Gehalt an Thorium, Uran und Kalium nimmt innerhalb der Erdkruste mit zunehmender Tiefe ab;
- Gabbros, Basalte und Peridotite weisen in der Regel gegenüber sauren und intermediären Gesteinen die geringsten Konzentrationen an Thorium, Uran und Kalium auf;
- die Radioaktivität von an der Oberfläche anstehenden Basalten läßt sich als ein Maß für die Tiefenreichweite der mit den Vorkommen in Verbindung stehenden Aufstiegswege heranziehen;
- Plateaubasalte, Basalte ozeanischer Rücken und initiale basische Magmatite geosynklinaler Räume weisen die relativ geringsten Gehalte an Thorium, Uran und Kalium auf;

- die mitteleuropäischen Basalte sind durch eine sehr starke Differenzierung gekennzeichnet, wobei die Gehalte an Thorium und Uran in folgender Reihenfolge abnehmen
  - Italienische Provinz,
  - Eifelprovinz,
  - Erzgebirgisch-Nordböhmische Basaltprovinz,
  - Oberrheintalgraben neben Teilen der Hessischen Senke, der Rhön und der Provinz der Basalte des oberen Vogtlandes.

Damit ergab sich die Möglichkeit, mittels einfacher radiometrischer Analysen die unterschiedlichen Basaltmaterialien in ein Differentiationsschema einzuordnen. Hinzu kam die Unterscheidung der einzelnen Vorkommen nach einer wahrscheinlichen Herkunftstiefe. Besonders die Basalte mit der geringsten Radioaktivität, die als eindeutige Mantelmaterialien identifiziert werden konnten, gelangten nunmehr gezielt zu weiteren petrophysikalischen und geochemischen Untersuchungen. Um die Bedeutung dieser Strategie einschätzen zu können, muß man wissen, daß am Anfang der 60er Jahre die Spurenanalytik noch nicht ausreichend entwickelt war. Vollanalysen, die heute weitgehend die Einordnung basischer magmatischer Differentiate in geochemische Modellvorstellungen ermöglichen, waren und sind mit einem hohen technischen Aufwand verbunden.

Damit kommt den Methoden, die mit relativ geringem Aufwand und schnell eine erste Klassifizierung ermöglichen, nach wie vor große Bedeutung zu. Von uns wurde dazu die Bestimmung von Thorium, Uran und Kalium mit verbesserten Gerätesystemen (Vielkanalanalysatoren) und die Mössbauer-Spektrometrie herangezogen.

Die in den letzten Jahren von Pfeiffer (1978) in großem Umfang durchgeführten detaillierten Untersuchungen zur Petrochemie der sächsischen Tertiärvulkanite waren aktueller Anlaß für eine neue Aufnahme der Gehalte an Thorium, Uran und Kalium für die wesentlichen der auf dem Territorium der DDR zugänglichen Aufschlüsse. Zur Ergänzung der Untersuchungen an den sächsischen Tertiärvulkaniten erfolgten Bestimmungen an einigen Diabasen und Keratophyren des initialen Magmatismus (Devon), die im Harz und im Vogtland anzutreffen sind. Die betrachteten Vulkanitvorkommen der Lausitz, der Elbtalzone, des Osterzgebirges, des Westerzgebirges, des Vogtlandes und Thüringens (mit Rhön) deuten in der genannten Reihenfolge ein Profil an. Die Daten wurden durch die Analysenergebnisse der initialen Magmatite ergänzt.

Ein Vergleich mit Tab. 1 zeigt, daß wir es hier mit Werten zu tun haben, die vom üblichen Mittel für Basalte abweichen. Die deutlichere Aufschlüsselung mittlerer Gehalte ermöglichen Literaturangaben (Tab. 2). Die Abnahme der Radioaktivität bei Zunahme der Herkunftstiefe wird noch einmal deutlich.

Auf Grund eigener Untersuchungen warf Lauterbach (1971) die Frage auf, inwiefern Basalte bzw. ultrabasische Xenolithe, die nachweislich aus großen Tiefen zur Erdoberfläche befördert worden sind, regional erhöhte Radioaktivitätswerte, also erhöhte Gehalte an Thorium, Uran und Kalium aufweisen können. Sie widersprechen damit dem allgemein akzeptierten geochemischen Modell. In einer jüngeren Arbeit (Rybach, 1973) wird die Möglichkeit für das Auftreten höherer Konzentrationen an radioaktiven Elementen in größeren Tiefen aus geochemischen Gründen heraus verworfen. Im Zusammenhang mit der Auswertung erster Analysen von Mondgesteinen wurde bereits der Verdacht geäußert (Lauterbach, 1971), daß das Modell für den geochemischen Bau des oberen Erdmantels mindestens hinsichtlich des Thoriumgehaltes nicht generell zutreffend sein muß. Der Thoriumgehalt könnte durchaus eine Größenordnung höher

Tabelle 2. Konzentration von Thorium, Uran und Kalium in Gesteinen der Erdkruste und des Erdmantels nach Literaturangaben (Thorium, Uran in ppm, Kalium in %)

(1) Heier und Adams, 1962; (2) Voitkevitsch und Nikonov, 1961; (3) Lebedev und Korniez, 1963

		Thorium	Uran	Kalium	Th/U
(1) Erdkruste	a) ozeanisch	2,8	0,64	0,87	4,4
	b) kontinental	10,0	2,8	2,6	3,6
	c) Mittelwert	7,8	2,1	2,1	3,7
Erdmantel		0,08	0,016	0,11	5,0
(2) obere Erdkruste		12,8	3,8		3,4
untere Erdkruste		4,0	1,0		4,0
oberer Erdmantel		0,06	0,02		3,0
unterer Erdmantel		0,048	0,01		4,8
(3) obere Erdkruste		18,0	3,5		5,1
untere Erdkruste		3,0	0,8		3,8

liegen, als allgemein angenommen. Die Beantwortung dieser Frage wirft eine ganze Reihe von Konsequenzen auf, die sowohl den Zusammenhang zwischen Radioaktivität und petrophysikalischen Parametern (radiogene Wärmeproduktion, Dichte, Schallgeschwindigkeit) berühren, als auch von direkter Bedeutung für die Berechnung des Wärmehaushaltes sind.

Untersuchungen in dieser Richtung wurden in den letzten Jahren verstärkt durchgeführt (Rybach, 1973) und auch an der Karl-Marx-Universität eingeleitet.

Tabelle 3. Thorium und Uran in einigen Mondgesteinen (Angaben in ppm nach Winogradow)

	Thorium	Uran	Th/U
Regolith			
a) Apollo 11	2,24	0,59	3,8
b) Apollo 12	6,0	1,5	4,0
c) Luna 16	0,47	0,1	4,7
kristalline Gesteine			
a) Apollo 11	2,9	0,7	4,0
b) Apollo 12	0,88	0,24	3,7
c) Luna 16	1,14	0,2	5,7

Um einen Vergleich der Radioaktivität irdischer Basalte mit den lunaren basischen Gesteinen zu ermöglichen, wurden in Tab. 3 ältere Analysenergebnisse nach Winogradow zusammengestellt.

Bis auf eine Ausnahme, die eine Regolithprobe von Apollo 12 betrifft, entsprechen die untersuchten Gesteine den Angaben von Tab. 1 für die Mittelwerte irdischer Basalte. Es deutet sich lediglich eine geringe Differentiation der lunaren Basalte an.

Ganz im Gegensatz dazu sind die Untersuchungsergebnisse der sächsischen tertiären Vulkanite zu sehen. Hier eine Zusammenstellung der Mittelwerte in Tab. 4.

Damit wird deutlich, daß die sächsischen Tertiärvulkanite erheblich von den Mittelwerten für Basalte abweichen.

Der tertiäre basische Vulkanismus fördert auf dem Territorium der DDR im engen Zusammenhang mit dem magmatischen Geschehen in Mitteleuropa zahlreiche Vulkanite mit zum Teil unterschiedlichem Chemismus. Die Zentren dieser vulkanischen Provinz lassen sich von den westlichen Pyrenäen über Teile der BRD und der DDR bis hin zu den Ostsudeten verfolgen. Die wichtigsten Vorkommen sind in der Regel an tertiäre Grabenstrukturen und Depressionen gebunden. Hier und im Kreuzungsbereich von Bruchzonen erkennen wir die intensivste Magmenförderung.

Tabelle 4. Thorium, Uran und Kalium in basischen Vulkaniten der DDR (JUST, 1977), Angaben für Thorium, Uran in ppm, Kalium in %

Vorkommen	Gestein	Thorium	Uran	Kalium	Th/U
Lausitz	Basalte	7,3	2,0	0,8	3,7
	Nephelindolerite	14,7	4,7	2,2	3,4
	Phonolithe	25,5	6,9	4,3	3,7
Elbtalzone	Basalte	6,3	2,0	1,2	3,2
	Polzenit	12,3	4,4	1,2	2,8
Osterzgebirge	Basalte	6,6	2,0	0,9	3,3
Westerzgebirge	Basalte	10,2	3,4	1,1	3,0
	Phonolithe	22,5	5,3	3,2	4,2
Thüringen	Feldspatbasalte	4,7	1,1	0,9	4,3
	Nephelinbasalte	8,4	2,4	0,9	3,5
Harz	Diabase	2,1	0,7	0,6	3,6
	Keratophyre	6,6	1,9	2,0	3,7

GREEN (1971) beschreibt, daß die Quellen basaltischen Magmas im oberen Erdmantel zu suchen sind. Das hier vorherrschende Material (Peridotit) weist eine geringe Radioaktivität auf. Basaltische Kruste kann durch partielles Schmelzen entstehen, wobei Magmendifferentiate des oberen Mantels in enger Wechselwirkung mit tektonischer Aktivität aufsteigen. Mischungsvorgänge im Erdmantel (Konvektionsströme) vermutet man bis hin zu Tiefen um 600 km. Dabei muß mit Zeiträumen um 100 Mio Jahre gerechnet werden.

Diese Tatsache war ausschlaggebend für die parallel durchgeführten Untersuchungen an den devonischen Initialmagmatiten. Im Ergebnis zeigte sich, daß die Gehalte an Thorium, Uran und Kalium in den basischen Vulkaniten im Verlaufe der Krustenentwicklung zugenommen haben.

In einer Arbeit von PFEIFFER (1978) wird nach umfassenden geochemischen Vergleichen gezeigt, daß die Magmenförderung in Sachsen zu einer Vielzahl alkalibetonter Gesteinsserien geführt hat. Wesentlich für die von uns vorgefundene Variation der

Konzentration radioaktiver Elemente war die Erkenntnis, daß sich zeitliche Unterschiede nur gelegentlich in unterschiedlichen Gesteinstypen äußern. Vom Bestand an Spurenelementen her sind selten eindeutige zeitliche Zuordnungen möglich. Die vergleichenden Arbeiten Pfeiffers deuten an, daß als Quelle der sächsischen tertiären Vulkanite *gleiche* Erdmantelbereiche angesehen werden müssen.

Die Ergebnisse radiometrischer Untersuchungen zeigten, daß die Basalte von Oberlausitz, Thüringen, Elbtalzone, Osterzgebirge hinsichtlich der radioaktiven Elementgehalte durchaus vergleichbar sind. Die im Westerzgebirge, einschließlich Vogtland, vorgefundenen basischen Vulkanite lassen deutliche Anreicherungen als Zeichen fortgeschrittener Differentiationen erkennen. Extreme Thoriumgehalte wurden im Aufschluß Morgenberg (Blatt Wiesenthal) und in der Ortslage Oberwiesenthal vorgefunden. Thoriumgehalte um 18 ppm sind hier nicht selten. Damit werden Werte erreicht, die den Variationen granitischer Gesteinskomplexe entsprechen. Die nur in der Lausitz und im westlichen Erzgebirge vorkommenden Phonolithe zeigen ein eigenes Differentiationsverhalten mit gelegentlichen extremen Anreicherungen bis 40 ppm Thorium. Die untersuchten Nephelindolerite des Löbauer Berges haben dabei eine Zwischenstellung zur mittleren Radioaktivität der Lausitzer Tertiärvulkanite (Tab. 4). Der bereits an anderer Stelle (Just, 1978) diskutierte Zusammenhang zwischen der Radioaktivität, vertreten durch die radioaktive Wärmeproduktion A, und der Fortpflanzungsgeschwindigkeit seismischer Wellen weist auf gemeinsame genetische Merkmale innerhalb der untersuchten Gruppen hin.

Die Analysen an den untersuchten devonischen Diabasen und Keratophyren zeigen, daß typische Vertreter ultrabasischer Gesteine unter ihnen zu finden sind. So liegen bei einigen Diabasen die Gehalte an Thorium unter 0,1 ppm im Bereich der Nachweisgrenze γ-spektrometrischer Messungen. Die Verteilung von Thorium und Uran deutet auf die Möglichkeit einer Unterscheidung von drei Gruppen hin. Die Mittelwerte der untersuchten Keratophyre entsprechen für Thorium und Uran denen tertiärer Vulkanite aus der Lausitz, dem Osterzgebirge und Thüringens. Lediglich der K_2O-Gehalt ist deutlich erhöht.

Wenn für die Verteilung von Thorium, Uran und Kalium in der unteren Kruste sowie im oberen Mantel die Bilanz gezogen werden soll, ergeben sich für die betrachteten Gebiete und Gesteinskomplexe im Südteil der DDR relativ hohe Werte. Für die Aufstellung von geochemischen und geothermischen Modellen müssen danach den basischen Gesteinskomplexen an der Grenze von Erdmantel und Erdkruste gegenüber den geläufigen Mittelwerten erhöhte Gehalte zugesprochen werden.

An dieser Stelle sei ergänzend auf die Ergebnisse der durchgeführten Mössbauer-Messungen hingewiesen. Dabei wurden ausgewählte Vertreter der zur Untersuchung anstehenden Gesteine aufbereitet. Abb. 2 zeigt die registrierten Mößbauerspektren von Proben des Basaltvorkommens Morgenberg, des Basaltes von Stolpen, eines Nephelinbasaltes mit reichlich Olivin aus dem Osterzgebirge und des ZGI-Referenzmaterials MB Basalt Mellenbach.

Zur Identifizierung von Olivin und Pyroxen sei auf Abb. 1 verwiesen. Die Spektren von Abb. 2 wurden in Richtung auf die Zunahme des Pyroxenanteiles geordnet. Die genaue Aufstellung der sich ergebenden Mößbauerparameter zeigt Tab. 5.

Die prozentualen Angaben (a) beziehen sich auf die Flächenanteile der Teilspektren und sind damit bei Vernachlässigung unterschiedlicher Debye-Waller-Faktoren ein Maß für die Verteilung des Eisens in den einzelnen möglichen Phasen.

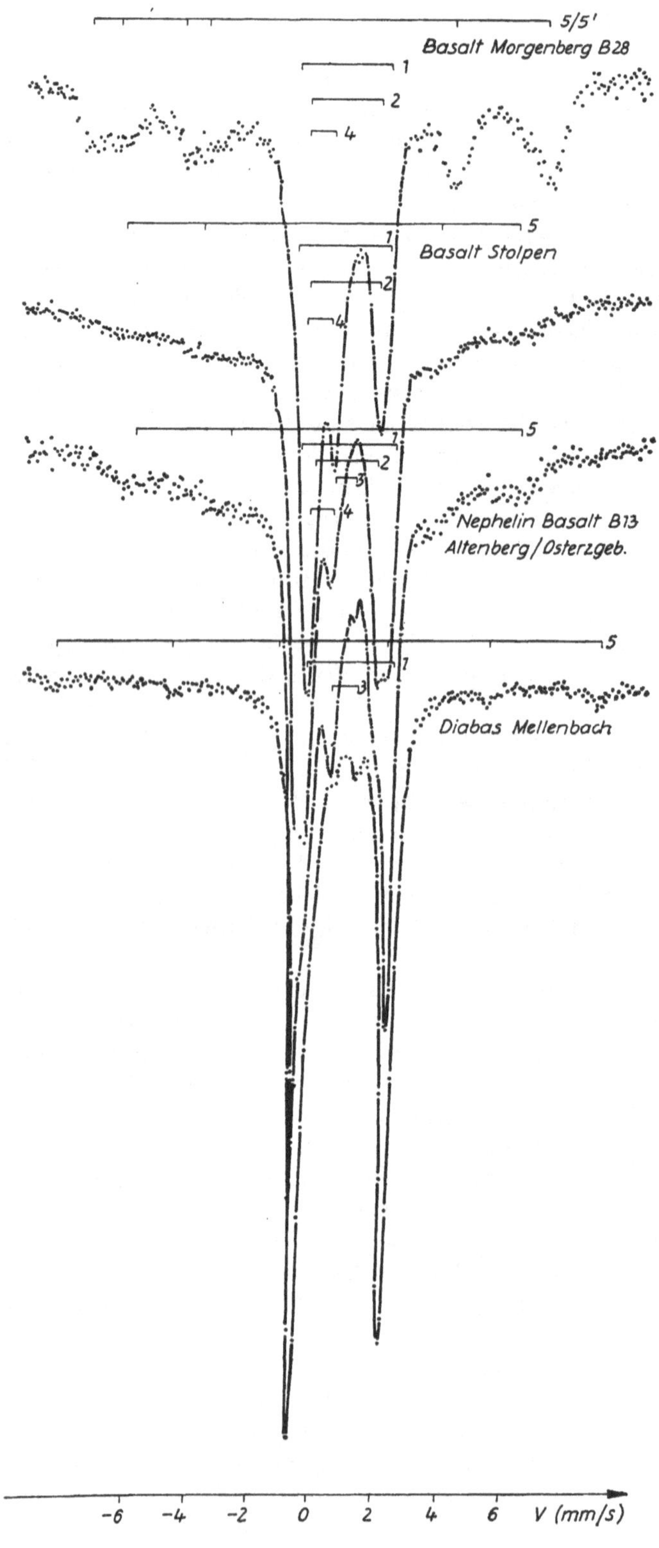

Abb. 2. Zusammenstellung der Mössbauer-Spektren von 4 Basaltproben aus dem Südteil der DDR

Entsprechend den Untersuchungen von HAFNER (1973) und eigenen Messungen an terrestrischen Pyroxenen (Probe 7 in Tab. 5) wurde bei der Spektrenanalyse der untersuchten Basalte kein Fe^{2+} auf den M-1-Plätzen des Pyroxens angenommen. Die Basalte 3 bis 6 (Tab. 5) zeigen neben Olivin und Pyroxen einen magnetischen Spektrenanteil.

Tabelle 5. MÖSSBAUER-Parameter einiger basischer Vulkanite der DDR
$\Delta/2$ Quadrupolaufspaltung (mm/s); δ Isomerieverschiebung gegenüber Fe (mm/s)
H_{eff} magnetisches Feld am Kernort (kOe); a Flächenanteil der Teilspektren (%)

		Olivin		Pyroxen M 2		Ilmenit		Fe(3+)-Anteil		magn. Anteil	
Pr. Nr.	Teilspektren / Material	$\Delta/2$	δ	$\Delta/2$	δ	$\Delta/2$	δ	$\Delta/2$	δ	H_{eff}	δ
		a		a		a		a		a	
1	Olivin-Xenolith	1,49	1,12	—	—	—	—	—	—	—	—
	(Osterzgebirge)	100		—		—		—		—	
2	Diabas	1,34	1,11	—	—	0,32	1,04	gering		518	0,35
	(Mellenbach)	87		—		10				3	
3	Nephelin-Basalt	1,47	1,14	1,05	1,12	0,33	1,12	0,39	0,39	375	0,53
	(Osterzgebirge)	33		12		2		13		40	
4	Nephelin-Basalt	1,46	1,14	1,01	1,05	0,36	1,14	0,38	0,35	super-paramagn.	
	(Thüringen)	42		18		4		9		27	
5	Basalt BS	1,42	1,08	1,11	1,09	—	—	0,38	0,35	389	0,54
	(Stolpen)	20		20		—		11		50	
6	Basalt	1,44	1,08	1,11	1,08	—	—	0,39	0,35	445	0,27
	(Morgenberg)									415	0,74
		6		23		—		27		44	
7	Augit (Elb-	—	—	1,14	1,11	—	—	0,34	0,31	—	—
	sandsteingebirge)	—		54		—		46		—	

Die Feldwerte und die Isomerieverschiebung deuten darauf hin, daß es sich um Magnetit in Form kleinster Teilchen handelt. Dies ist bereits der Übergangsbereich zum superparamagnetischen Verhalten.

Die Probe 2, der Diabas BM Mellenbach, fällt durch den hohen Ilmenitgehalt (ca. 10%) auf und läßt sich auf Grund des Auftretens von α-Fe_2O_3 sowie des geringen Fe^{3+}-Anteiles nicht mit in den Rahmen der übrigen Basalte einordnen. Hier dürfte das unterschiedliche Alter eine wesentliche Rolle spielen.

Da sowohl die Zunahme der Gehalte an radioaktiven Elementen, als auch der Einbau des Eisens in unterschiedliche Mineralgitter in einem gewissen Sinne von der Differentiation der Schmelzen beeinflußt wird, wurden an Hand der vorliegenden ersten Meßergebnisse gesetzmäßige Zusammenhänge zwischen beiden Analysenverfahren gesucht.

So nimmt mit Zunahme der Basizität der Gehalt an Thorium und Uran ab, während Dichte und Eisengehalt merklich ansteigen.

Einen Vergleich zwischen den Gehalten an Thorium und Uran in einigen basischen Vulkaniten mit den Ergebnissen der Mößbauerspektrometrie zeigt Tab. 6.

Tabelle 6. Vergleich der Thorium- und Uran-Gehalte einiger basischer Vulkanite der DDR mit dem Pyroxen/Olivin-Verhältnis und dem Gehalt an Fe^{3+}-Ionen

Material	Thorium (ppm)	Uran (ppm)	$\frac{Fe^{2+}\text{-Pyroxen}}{Fe^{2+}\text{-Pyroxen} + \text{Olivin}}$ (%)	Fe^{3+}-Gehalt
Olivin-Xenolith (Osterzgebirge)	0,6	0,7	0	0
Diabas (Mellenbach)	2,7	0,75	0	0
Nephelin-Basalt (Osterzgebirge)	6,6*	2,0*	27	13
Nephelin-Basalt (Thüringen)	8,4*	2,4*	29	9,6
Basalt (Stolpen)	9,3	2,3	50	11
Basalt (Morgenberg)	18	7	79	27
Augit (Elbsandsteingebirge)	— n. b.	— n. b.	100	46

* Mittelwerte

Tabelle 7. MÖSSBAUER-Parameter (RT) des LUNA-24-Regoliths
$\Delta/2$ Quadrupolaufspaltung (mm/s); δ Isomerieverschiebung gegenüber Fe (mm/s)
a Flächenanteil der Teilspektren (%)

Teilspektrum	$\Delta/2$	δ	a	Bemerkungen
1	1,41	1,10	43	Olivin oder Pyroxen M 1 oder ein Gemisch von beiden
2	1,03	1,12	51	Pyroxen M 2
3	0,36	1,10	6	Ilmenit

Trotz der nur geringen Anzahl zur Verfügung stehender MÖSSBAUER-Untersuchungen kann als gesichert angesehen werden, daß in den untersuchten Basalten eine Erhöhung des Thoriumanteiles mit einer vermehrten Pyroxenausscheidung gekoppelt ist.

Die zunehmende Differentiation, die sich auch in einer Erhöhung des Angebotes an Silizium äußert, verschiebt in der Regel das Verhältnis Pyroxen/Olivin in Richtung auf eine vermehrte Pyroxenausscheidung. Somit besteht die Möglichkeit, durch Kombination von MÖSSBAUER-Spektrometrie und γ-Spektrometrie eine Aussage zur magma-

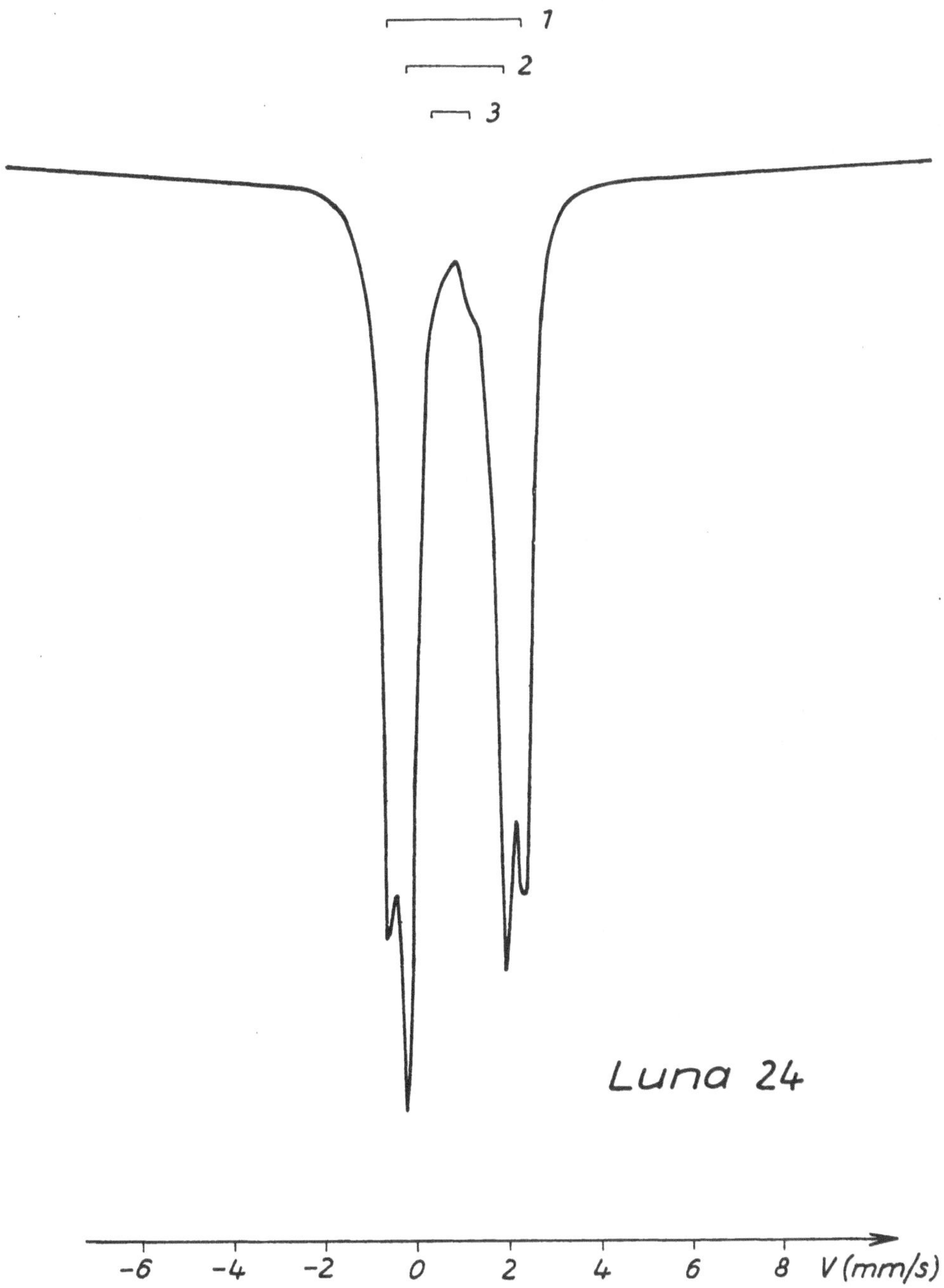

Abb. 3. MÖSSBAUER-Spektrum von 100 mg LUNA 24 Regolith

tischen Differentiation basischer Materialien zu erhalten. Von außerordentlichem Vorteil ist es, daß beide Analysenverfahren mit verwandten Gerätesystemen arbeiten und bei Bedarf auch bei dem Einsatz kleinster Probenmengen (100 mg) auf zerstörungsfreiem Wege eine Aussage ermöglicht wird.

Einen Vergleich mit den Meßergebnissen einer Teilprobe von LUNA 24-Material zeigt Abb. 3 (Mössbauer-Parameter in Tab. 7). Pyroxen und Olivin (oder M-1-Pyroxen) sind etwa in gleicher Menge vorhanden. Da die Vorgeschichte der Probe nicht bekannt ist, kann ein direkter Vergleich mit irdischen Materialien nicht ohne weiteres durchgeführt werden. Parallel durchgeführte Aktivierungsanalysen an diesem Material zeigten relativ zu dem Standard BM einen erhöhten Eisengehalt und einen deutlich geringeren Urangehalt. Auf Grund der unbekannten geochemischen Umgebung der Entnahmestelle können direkte Vergleiche mit irdischen Differentiationsfolgen nicht angestellt werden.

Literatur

Clark, S. P. et al., Abundances of Uranium, Thorium and Potassium, in: Handbuch der physikalischen Konstanten, GSA Memoir., 97, Washington 1966.

Green, D. H., Magmatic activity as the major process in the chemical evolution of the earth's crust and mantle, in: A. R. Ritsema, The Upper Mantle, Tectonophysics, **13** (1–4): 47–71.

Hafner, S. S., Proc. Int. Conf. Mößbauerspects., 1973, Bratislava, P 2, 372.

Just, G., Diplomarbeit, KMU Leipzig, 1978, unveröff.

Just, G., Lauterbach, R., Loos, G., Proc. 2. Tagung Nukleare Analysenverfahren, Dresden 1979, 240–244.

Lauterbach, R., γ-Spektrogramme von Basalten und anderen Gesteinen ohne erhöhte Radioaktivität. Geophysik und Geologie, 4, Leipzig 1962.

Lauterbach, R., Geologische Ergebnisse und Probleme der γ-Spektrometrie von Gesteinsproben. Geophysik und Geologie, 6, Leipzig 1964.

Lauterbach, R., Hinweise zur Entwicklung von Erde und Mond auf Grund des Thoriumgehaltes von Mondgesteinen und irdischen Basalten. Wiss. Zeitschr. d. Karl-Marx-Univ., Leipzig, Math. Nat. R., **20** (1971).

Pfeiffer, L., Beitrag zur Petrochemie der sächsischen Tertiärvulkanite. Freiberger Forschungshefte C 333 (1978).

Rybach, L., Wärmeproduktionsbestimmungen an Gesteinen der Schweizer Alpen. Beiträge zur Geologie der Schweiz, Geotechn. Ser. **51** (1973).

Schreiter, U., Diplomarbeit, KMU Leipzig, 1979, unveröff.

Wakita, H., Uranium, Thorium and Potassium Contents of Possible Mantle Materials, Geochem. J., **1** (1967).

Geophys. u. Geol. Geophys. Veröff. d. KMU Leipzig Bd. II H. 3 S. 59–72 Berlin 1981

Dreidimensionale Modellierung geologischer Situationen aus Braunkohlenfeldern, Berechnung ihrer Schwerewirkung und eine Möglichkeit zur iterativen Änderung des Modells[1]

K. Oberländer, H. Schubert und K. Seidel[2]

Zusammenfassung: Ergänzend zu einer Methodik, bei der zweidimensionale geologische Situationen aus Braunkohlenfeldern modelliert und ihre Schwerewirkung berechnet werden können, wird ein Verfahren zur dreidimensionalen Modellierung und Berechnung der Modellfelder vorgestellt.

Mit Hilfe der Methode der gleitenden Flächen werden beliebig verteilte Stützwerte in Form von Tiefenangaben geologischer Schichtgrenzen auf ein quadratisches Gitter interpoliert. Das sich ergebende Modell einer oder mehrerer Schichten wird in Prismen gleichen Querschnitts unterteilt, und deren Schwerewirkung wird über eine Näherung mittels äquivalenter Punkte berechnet. Durch anschließende Vergleiche zwischen gemessenen und berechnetem Feld werden Differenzanomalien ermittelt, welche durch direkte oder iterative Veränderungen des Modells minimiert werden. Zur iterativen Verbesserung wird eine Methode vorgeschlagen, die auf einem einfachen Iterationsalgorithmus basiert und die auch für die bei den zu bearbeitenden Problemen auftretende große Anzahl von Prismen einsetzbar ist.

Die Methode wird an einer Reihe theoretischer und praktischer Beispiele erläutert.

Einleitung

Da Schweremessungen hoher Genauigkeit im Verlaufe der vergangenen 10 bis 15 Jahre eine wesentliche Bedeutung bei der Erkundung von Braunkohlenlagerstätten erlangt haben, sind notwendige Steigerungen der Braunkohlenproduktion und zunehmende Kompliziertheit der für einen Abbau vorgesehenen Braunkohlenfelder verbunden mit erhöhten Anforderungen an die in den Erkundungsprozeß einbezogenen geophysikalischen Methoden. Für die gravimetrische Erkundung leitet sich daraus die Forderung nach einer überwiegend quantitativ orientierten Interpretation ab, bei welcher über einen Vergleich zwischen Modellschwerefeld und gemessenem Schwerefeld die Qualität eines aus Bohrergebnissen resultierenden Modells eingeschätzt bzw. anhand auftretender Differenzanomalien korrigiert werden kann.

Während bei [8] eine auf zweidimensionale Probleme beschränkte Methode vorgestellt wurde, soll im folgenden eine Möglichkeit zur dreidimensionalen Modellierung geologischer Situationen aus Braunkohlenfeldern, zur Berechnung ihrer Schwerewirkung und zur Verbesserung des Modells dargestellt werden.

[1] Mitteilung aus dem VEB Geophysik.

[2] Anschrift der Verfasser:
Dipl.-Geophys. K. Oberländer, Dr. rer. nat. H. Schubert, Dipl.-Geophys. K. Seidel,
VEB Geophysik, DDR-7010 Leipzig, PSF 370.

Modellierung der Grenzflächen

Die Modellierung von Grenzflächen, welche Schwereanomalien verursachende Dichtekontraste darstellen, führt auf das Problem der Interpolation willkürlich in der x-y-Ebene verteilter Stützwerte auf ein einheitliches, meist orthogonales Gitter. Die Stützstellen entsprechen dabei den Bohrungen, die Stützwerte den in den Bohrungen erfaßten Dichtegrenzen.

Das Interpolationsverfahren muß gewährleisten, daß die Stützwerte in den Stützstellen unverändert erhalten bleiben und daß sowohl bei großen Abständen zwischen den Stützstellen, als auch bei einem komplizierten Relief der Grenzfläche eine optimale Darstellung möglich ist.

Die zur Lösung einer derartigen Interpolationsaufgabe geeigneten Verfahren lassen sich prinzipiell in zwei Gruppen einteilen:

a) deterministische Verfahren,
b) statistische Verfahren.

Während bei den Verfahren der ersten Gruppe mit Hilfe geschlossener mathematischer Ausdrücke zweidimensionale Funktionen an beliebigen Stellen berechnet bzw. die Stützwerte durch numerische Operationen miteinander verknüpft werden (Interpolation mittels Polynomflächen bzw. mittels Abstandswichtung), beziehen die statistischen Verfahren auch die Abstände der Stützwerte bzw. ihre Variabilität über die Erfassung der Kovarianzfunktion bzw. eines sog. Variogramms in die Interpolation ein (Interpolation mittels Kriging bzw. Kollogation nach kleinsten Quadraten).

Obwohl eine Interpolation mit Hilfe statistischer Verfahren die besten Ergebnisse liefern dürfte, wurde auf Grund des relativ hohen Aufwandes, der zur Interpolation einer Grenzfläche mit statistischen Methoden notwendig ist, auf deren Einsatz verzichtet und ein deterministisches Verfahren — die Interpolation mittels gleitender Flächen — verwendet. Hierbei werden die in der Umgebung des zu interpolierenden Punktes liegenden Stützwerte durch geeignete, mit Abstandswichtungen verknüpfte Ausgleichsrechnungen mit einer Fläche beschrieben und über deren analytischen Ausdruck der zu interpolierende Wert bestimmt. Indem die Fläche an jedem zu interpolierenden Punkt aus neuen Stützwerten bzw. veränderten Abstandsverhältnissen neu bestimmt wird, kann jeder beliebige Punkt, d. h. mit beliebiger Gitterbreite, interpoliert werden. Die Methode der gleitenden Flächen wurde schon mit Erfolg zur Interpretation geologischer Grenzflächen [6, 9] und zum Aufbau eines digitalen Geländemodells [4] verwendet.

Ausgehend von der Formel zur Berechnung einer Trendfläche n-ten Grades

$$z = \sum_{j=0}^{k} \left[\sum_{i=0}^{j} a_{j-i,i} x^{j-i} y^{i} \right] \tag{1}$$

werden die Koeffizienten $a_{l,i}$ $(l = j - i)$ nach der GAUSSschen Methode der kleinsten Quadrate derart bestimmt, daß die Summe der quadrierten Abweichungen zwischen den Stützwerten und den mit dem Ausdruck für die Fläche bestimmten Werten ein Minimum wird. Erhält jeder Stützwert noch ein vom Abstand zu dem zu interpolierenden Punkt abhängendes Gewicht p, ergibt sich nach [6] die Forderung

$$Q = \sum_{r=1} p_r \left[z_r - \sum_{j=0}^{k} \sum_{i=0}^{i} a_{j-i,i} x_r^{j-i} y_r^{i} \right]^2 \to \text{Min}. \tag{2}$$

Durch partielle Differentiation nach den gesuchten Koeffizienten $a_{j-i,i}$ lassen sich die Gleichungen zur Berechnung der $a_{j-i,i}$ nach folgendem Ausdruck entwickeln:

$$\sum_{j=0}^{k} \sum_{i=0}^{j} a_{j-i,i} \sum_{r=1}^{N} p_r x_r^{m+j-(l+i)} y_r^{l+i} = \sum_{r=1}^{N} p_r z_r x_r^{m-l} y_r^{l} \tag{3}$$

mit $m = 0.\ 1.\ 2 \ldots k$; $l = 0.\ 1.\ 2 \ldots m$.
Verwendet man zur Interpolation eine Fläche 2. Grades der Form

$$z(x, y) = a_{00} + a_{10}x + a_{01}y + a_{20}x^2 + a_{11}xy + a_{02}y^2, \tag{4}$$

so ist an jedem zu interpolierenden Punkt zur Bestimmung der a_{ij} ein System von 6 Gleichungen zu lösen, die sich mit $k = 2$ aus Gl. (3) ergeben. Dabei ist zu sichern, daß mindestens sechs, wenn möglich aber eine größere Anzahl von Stützwerten zur Bestimmung der Fläche zur Verfügung stehen.

Die Gewichte p ergeben sich dabei aus der Beziehung

$$p = \frac{1}{[(x - x_0)^2 + (y - y_0)^2]^m}; \quad m > 0.$$

Hierbei stellen x_0 und y_0 die Koordinaten des zu interpolierenden Punktes dar.

Die Methode der gleitenden Flächen wurde sowohl mit $k = 1$ (gleitende Schrägebene), als auch mit $k = 2$ (gleitende Fläche 2. Grades) zur Interpolation von Dichtegrenzen verwendet. Zur Bestimmung der Gewichte p wurde in beiden Fällen das reziproke Quadrat des Abstandes gewählt ($m = 1$). Wie von [4] an Beispielen demonstriert wurde, ist es über eine Interpolation mittels gleitender Flächen möglich, sowohl glatte Grenzflächen, als auch solche mit steilen Flanken aus willkürlich verteilten Stützstellen auf einem beliebig wählbaren Gitter zu reproduzieren. Die letztgenannte Möglichkeit ist dabei besonders für eine Modellierung stark deformierter Dichtegrenzflächen von Bedeutung.

Berechnung der Schwerewirkung

Zur Ermittlung der theoretischen Schwerewirkung eines aus einer oder mehreren Schichten aufgebauten, dreidimensionalen Modells erfordert jedes Verfahren eine Unterteilung in einzeln berechenbare Elementarkörper. Am geeignetsten sind dafür prismatische Körper, deren Querschnitt den Abmessungen des Gitters entspricht. Die Höhe der prismatischen Körper repräsentiert dabei die Mächtigkeit der zu modellierenden Schicht.

Die Berechnung der Schwerewirkung eines prismatischen Einzelkörpers mit einem in der x-y-Ebene quadratischen Querschnitt kann sowohl nach exakten analytischen Ausdrücken [6], mit Hilfe der schnellen Fourier-Transformation (FFT) [1], als auch der Methode der äquivalenten Punkte [5] erfolgen. Die letztgenannte Methode, der infolge ihrer relativ hohen Genauigkeit und des geringen Rechenzeitbedarfs bei der Lösung der vorliegenden Aufgabe der Vorzug gegeben wurde, soll im folgenden kurz beschrieben werden.

Auf Grundlage der GAUSSschen Quadraturformel erfolgt die Berechnung der Schwerewirkung eines Elementarprismas durch folgende Beziehungen (vgl. Abb. 1):

$$\delta g(x.y.z) = k \cdot \varrho \int_e^f \int_c^d \int_a^b F_{3D}(x.y.z,\, x'.y'.z')\, \mathrm{d}x'\, \mathrm{d}y'\, \mathrm{d}z' \tag{6}$$

$$= k \cdot \varrho \left(\frac{f-e}{2} \sum_{k=1}^{n} \left[\frac{d-c}{2} \sum_{j=1}^{n} \left\{ \frac{b-a}{2} \sum_{i=1}^{n} F_{3D}\,(x.y.z,\, x'.y'.z')\, A_i \right\} A_j \right] A_k \right). \tag{7}$$

Hierbei repräsentieren $a.b.c.d$ und e die Geometrie des Elementarprismas und F_{3D} eine von den Koordinaten des Aufpunktes $(x.y.z)$ und den Koordinaten der äquivalenten Punkte $(x'.y'.z')$ abhängende Funktion. Die A_i, A_j und A_k sind hierbei die als Quadraturkoeffizienten in Tabellenform [2] vorliegenden Konstanten, k die Gravitationskonstante und ϱ die Dichte.

Approximiert man den Elementarkörper durch 8 äquivalente Punkte ($2 \times 2 \times 2$-Punkte-Formel), so ergibt sich für den Schwereeffekt des Körpers der in Abb. 1 dargestellte Ausdruck.

Eine Voraussetzung für die erfolgreiche Anwendung dieser Methode ist, daß der Abstand zwischen dem zu berechnenden Aufpunkt und den äquivalenten Punkten größer

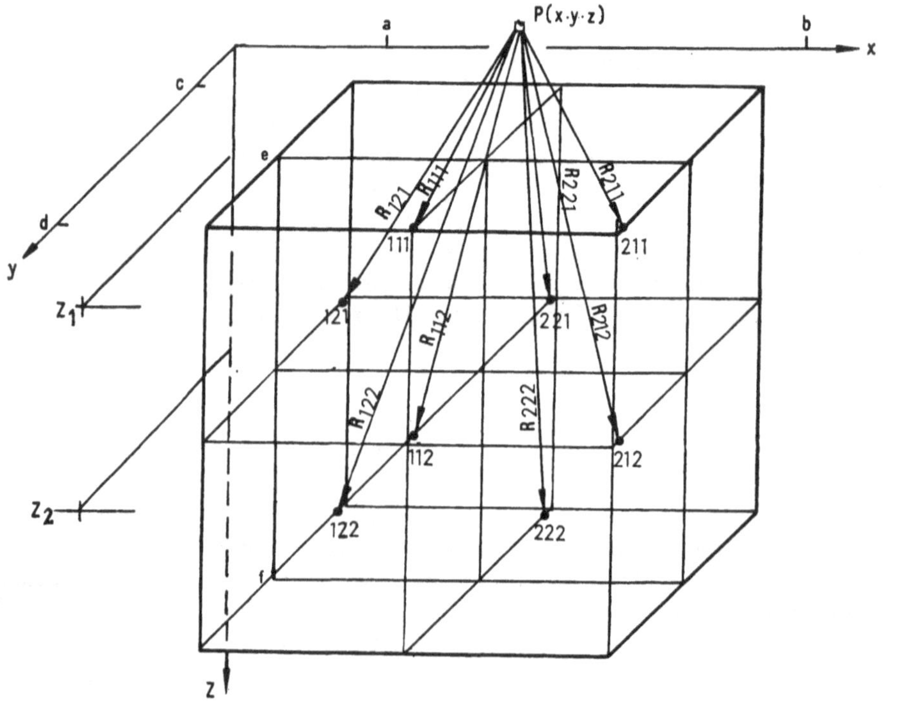

$$\sigma g = k\rho\, \frac{(f-e)(d-c)(b-a)}{8} \left[\frac{z_1'-z}{R_{111}^3} + \frac{z_1'-z}{R_{211}^3} + \frac{z_1'-z}{R_{121}^3} + \frac{z_1'-z}{R_{221}^3} + \frac{z_2'-z}{R_{112}^3} + \frac{z_2'-z}{R_{212}^3} + \frac{z_2'-z}{R_{122}^3} + \frac{z_2'-z}{R_{222}^3} \right]$$

Abb. 1. Lage der äquivalenten Punkte in einem dreidimensionalen rechtwinkligen Prisma und explizite Darstellung einer $2 \times 2 \times 2$-Punkt-Formel

ist als derjenige zwischen den äquivalenten Punkten. Falls das bei einem Modell, z. B. bei oberflächennahen Schichten, nicht der Fall sein sollte, muß entweder die Anzahl der Teilprismen vergrößert, d. h. die Prismen kleiner gewählt oder eine Formel mit einer größeren Zahl äquivalenter Punkte ($n = 3$ oder 4) verwendet werden.

Beispiel

Im folgenden soll an einem Beispiel aus der Braunkohlenerkundung zunächst dargestellt werden, wie der Verlauf eines Flözes modelliert und das Schwerefeld des Modells berechnet werden kann.

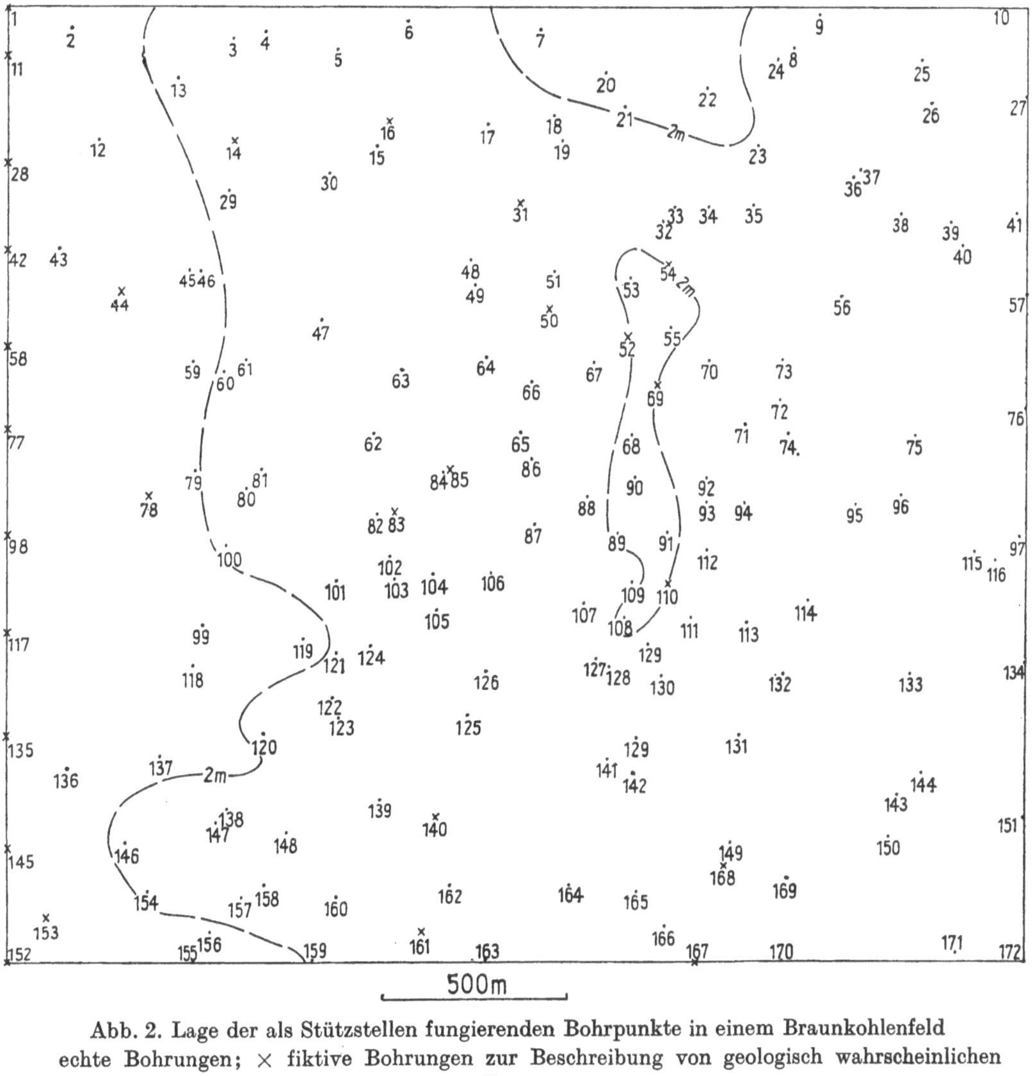

Abb. 2. Lage der als Stützstellen fungierenden Bohrpunkte in einem Braunkohlenfeld
echte Bohrungen; × fiktive Bohrungen zur Beschreibung von geologisch wahrscheinlichen Grenzen

Abb. 3. Aus 172 Stützwerten interpolierter Isohypsenplan des Flözliegenden (Angaben in m ü. NN)

In Abb. 2 sind die zur Erstellung des Modells zur Verfügung stehenden Bohrungen eingetragen. Die 145 Bohrungen werden durch 24 fiktive Stützstellen ergänzt, mit deren Hilfe das Modell seitlich begrenzt wird bzw. die nach geologischen Gesichtspunkten als wahrscheinlich anzunehmenden Ausbißlinien des Flözes markiert werden.

Aus den insgesamt 172 Stützstellen wurde über die Methode der gleitenden Ebenen das Relief der Geländeoberfläche und das Relief des Flözhangenden bzw. -liegenden auf ein quadratisches Gitter mit $s = 50$ m interpoliert. Das Ergebnis dieser Berechnungen ist in Form des in Abb. 3 dargestellten Isohypsenplanes der Flözuntergrenze und der in Abb. 4 abgebildeten Mächtigkeitskarte ausgewiesen.

Im Vergleich des Verlaufes der von geologischer Seite festgelegten 2-m-Mächtigkeitslinie und der maschinell interpolierten Feldesgrenze (Abb. 4) ist zu erkennen, daß große Abweichungen nur dort auftreten, wo entweder bei der manuellen Interpolation infolge

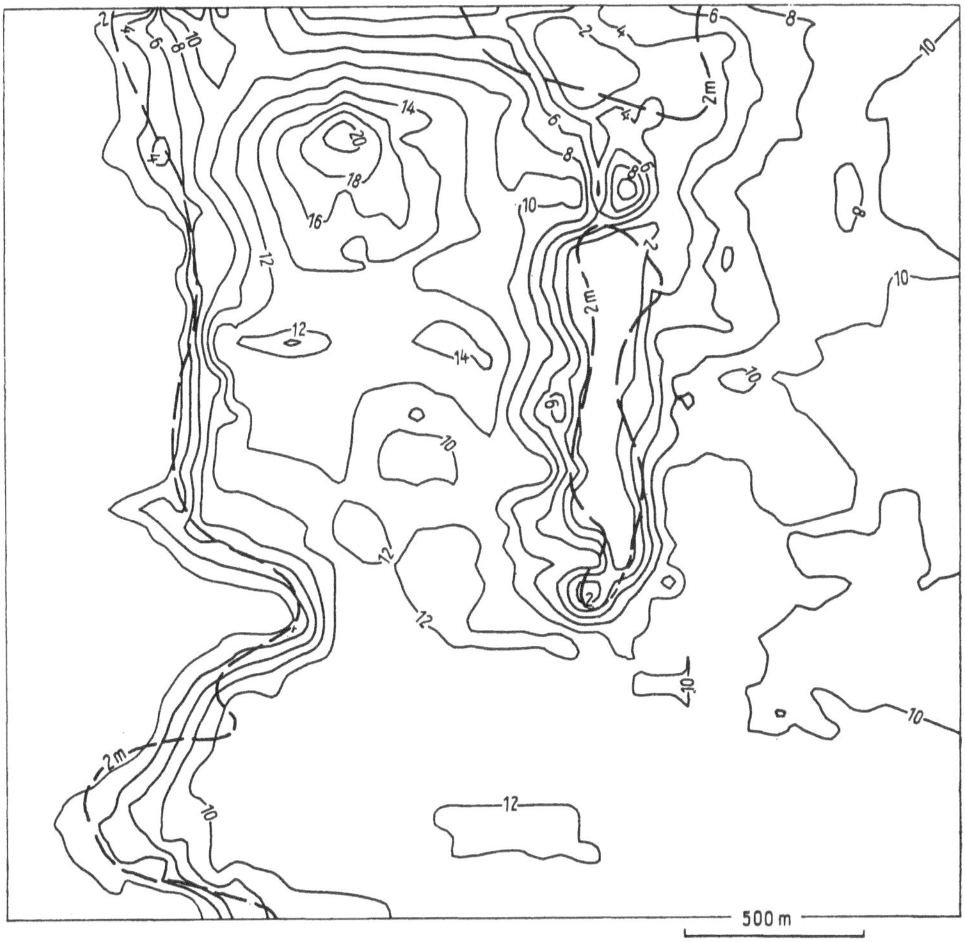

Abb. 4. Aus den interpolierten Isohypsen des Flözhangenden und -liegenden berechnete Mächtigkeitskarte (Angabe in m)

nicht erkennbarer Gründe vom Prinzip der linearen Interpolation abgewichen wurde (Bereich der Bohrungen 137 und 120), oder wo die maschinelle Interpolation infolge unzureichender Stützung der Ränder bei Berechnung des vorliegenden Ausschnittes Unsicherheiten aufweist (z. B. im Bereich der Bohrungen 7, 20 und 22 im oberen Teil der Fläche). Wie aus Abb. 5 anhand von 4 Schnitten darüber hinaus entnommen werden kann, zeigen die durch Interpolation gewonnene Ober- bzw. Untergrenze des Flözes bezüglich der Soll-Werte an den Bohrpunkten eine gute Übereinstimmung. Die erkennbaren Abweichungen haben ihre Ursache darin, daß die Bohrpunkte oft seitlich der gewählten Profillinie liegen.

Die Berechnung der Schwerewirkung der in prismatische Körper quadratischen Querschnittes unterteilten Flöze erfolgte über die Methode der äquivalenten Punkte derart, daß in einer Fläche von 14 × 14 Prismen um den zu berechnenden Gitterpunkt die Schwerewirkung aller Einzelprismen berechnet und zu einem Modellschwerewert

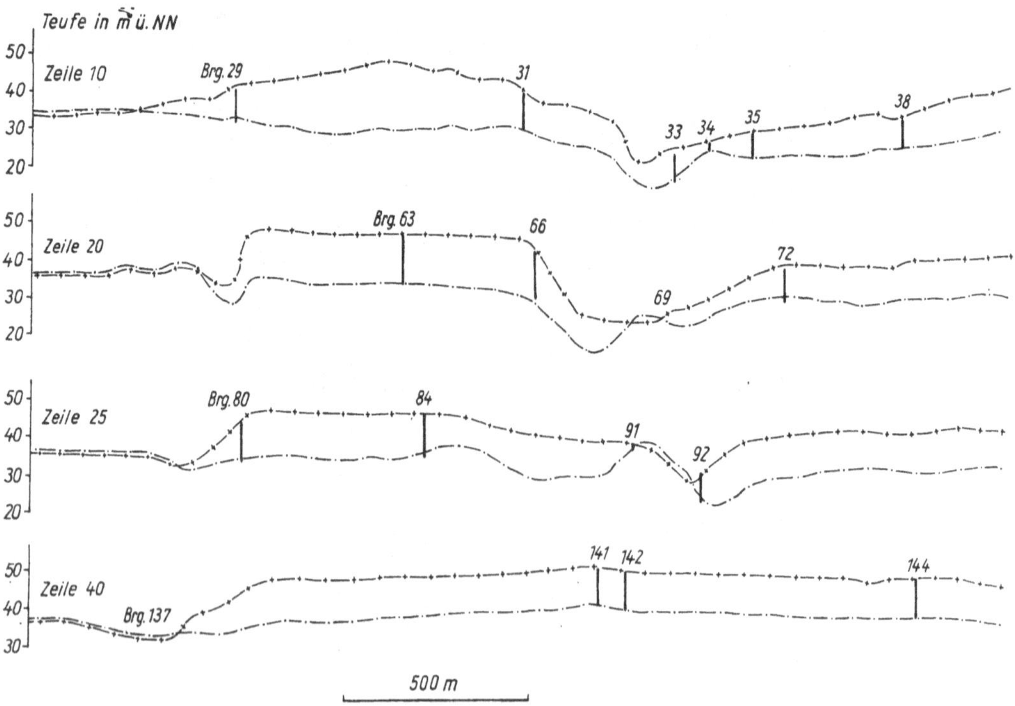

Abb. 5. Profildarstellung der interpolierten Flözober- und Unterfläche (Abstand der interpolierten Punkte 50 m) und erbohrte Mächtigkeiten entlang der Profile

addiert wurden. Dies erforderte zur Berechnung des in Abb. 6 dargestellten Modellschwerefeldes des Flözes ca. 260000 Einzelberechnungen von Prismen.

Das mit einem Dichtekontrast von $-0.8 \cdot 10^3\,\mathrm{kg\,m^{-3}}$ berechnete Schwerefeld des Flözes zeichnet mit Anomalien von ca. $4\,\mu\mathrm{m\,s^{-2}}$ erwartungsgemäß deutlich die Verbreitungsgrenzen des Flözes nach. Sind weitere Schichten im Hangenden oder Liegenden mit schwerewirksamen Dichtekontrasten bzw. weitere Flöze vorhanden, so können diese auf die gleiche Weise aus Stützstellen heraus auf das gewählte Gitter interpoliert und ihre Schwerewirkung berechnet werden. Aus der Summe aller Einzelschwerefelder können anschließend über einen Vergleich mit dem gemessenen Schwerefeld Informationen über die Qualität des Modelles gewonnen bzw. Korrekturen am Modell vorgenommen werden.

Änderung des Modells

Nach der Modellierung einer geologischen Situation und der Berechnung der Schwerewirkung des Modells steht vor dem Bearbeiter die Aufgabe, vorhandene Differenzen zwischen dem gemessenen und dem berechneten Schwerefeld durch geeignete Veränderungen des Modells zu minimieren. Die beiden Möglichkeiten dazu bestehen zum einen in der direkten Veränderung des Modells durch den Bearbeiter und zum anderen in der maschinellen Lösung der indirekten Aufgabe in bezug auf ausgewählte Parameter mittels iterativer Methoden.

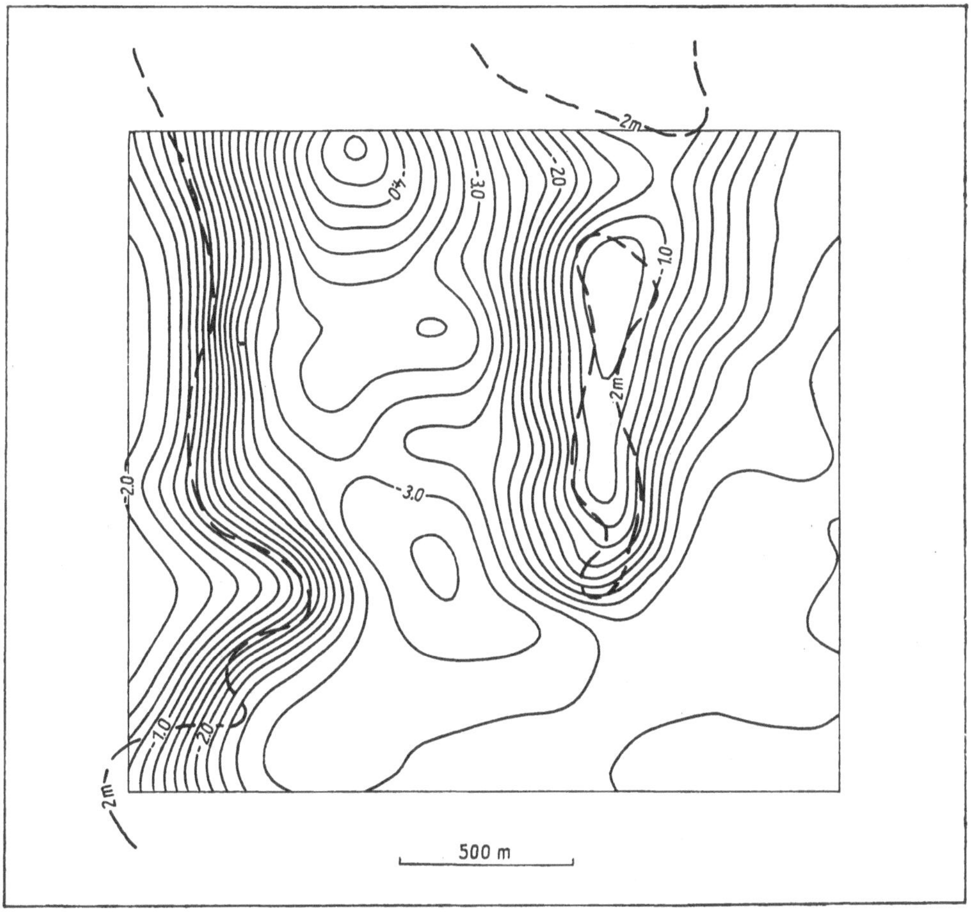

Abb. 6. Modellschwerefeld des Kohleflözes (Angabe in μms⁻²)

In diesem Abschnitt soll eine Möglichkeit der iterativen Veränderung eines mittels oben beschriebener Methodik aufgebauten Modells dargelegt werden. Dieses Verfahren basiert auf einer Arbeit von Cordell und Henderson (1968) und wurde zur Lösung der indirekten Aufgabe bei der Braunkohlenerkundung weiterentwickelt. Dabei fand vor allem Berücksichtigung, daß bei den dort zu lösenden Problemen einerseits eine große Anzahl von Variablen (d. h. Prismen) zu bearbeiten ist, aber andererseits die Kenntnisse bezüglich der Geologie im allgemeinen so gut sind, daß meist ein geeignetes Startmodell bestimmbar ist und die Mehrdeutigkeit einer Lösung stark reduziert werden kann. Die Methode setzt voraus, daß die zu minimierenden Differenzanomalien durch nicht den natürlichen Verhältnissen entsprechende Modellierung einer Schicht hervorgerufen werden, so daß der Bearbeiter entweder entscheiden muß, welche Schicht variiert werden soll, oder verschiedene Varianten berechnet, um dann die wahrscheinlichste Lösung auszuwählen. Weitere Bedingungen für das Verfahren sind ein auf einem rechtwinkligen Gitter gegebenes Lokalschwerefeld und eine Unterteilung des Modells in Prismen derart, daß unter jedem Gitterpunkt das Zentrum eines rechtwinkligen Prismas liegt, dessen

Breite der Gitterbreite entspricht und dessen Höhe die Mächtigkeit der zu variierenden Schicht am jeweiligen Punkt repräsentiert. Für diese Schicht wird außerdem eine konstante Dichte angenommen. Als freie Variable wird bei diesem Verfahren nur die Mächtigkeit einer Schicht betrachtet, wobei diese durch Variation der Oberfläche bei festgehaltener unterer Begrenzung oder der Liegendgrenze bei konstanter Oberfläche verändert werden kann.

Das in dieser Methode verwendete Iterationsprinzip entspricht dem von CORDELL und HENDERSON (1968) dahingehend, daß in jedem Iterationszyklus die neue Mächtigkeit wie folgt bestimmt wird:

$$t_{n+1,q} = t_{n,q} \left(\frac{g_{\text{gem.},q}}{g_{\text{berechn.}\,q,n}} \right) \tag{8}$$

mit

$t_{n,q}$: $t_{n+1,q}$ — Mächtigkeit des q-ten Prismas nach n-tem bzw. $(n + 1)$-tem Zyklus,
$g_{\text{berechn.}\,q,n}$ — der nach n-tem Zyklus am q-ten Punkt berechnete Schwerewert,
$g_{\text{gem.},q}$ — am q-ten Punkt gemessener bzw. Lokalschwerewert.

Die Bestimmung der Startmächtigkeit erfolgt entweder über die Formel der BOUGUER-Platte oder durch Vorgabe eines Startmodells.

Zur Lösung der direkten Aufgabe, welche Bestandteil eines jeden Iterationszyklus ist, wurde unter der Bedingung eines möglichst geringen Rechenzeitbedarfs die auch bei der Berechnung des Modells verwendete Methode der äquivalenten Punkte (KU, 1977; SCHUBERT u. a., 1978) eingesetzt. Dabei werden für den an jedem Punkt zu berechnenden Schwerewert nur die Schwerewirkungen von Prismen berücksichtigt, die in einem zu bestimmenden Einzugsgebiet liegen. Die vertikale Position der einzelnen Prismen wird für alle Berechnungen in bezug auf die Erdoberfläche angegeben, wobei diese nicht eben sein muß, sondern auch ein Relief aufweisen kann.

Die Tatsache, daß die Schwerekurve des nach wenigen Iterationszyklen ermittelten Modells einer Glättung bzw. Mittelung der Meßkurve entspricht, wurde ausgenutzt, um die bei unruhigen Meßwerten auftretenden Instabilitäten weitestgehend zu vermeiden.

Beispiele

Anhand von zwei theoretischen und einem praktischen Beispiel sollen nun das Prinzip und die Genauigkeit des Verfahrens bei profil- bzw. flächenmäßiger Bearbeitung und die Möglichkeiten für den Einsatz bei der Interpretation, d. h. für die Veränderung eines Modells gezeigt werden.

In Abb. 7 ist ein theoretisches Beispiel für eine profilmäßige Bearbeitung dargestellt. Hierbei stand die Aufgabe, die Oberflächenteufe der 28 Prismen aus dem bekannten Schwereverlauf und bei festgehaltener unterer Begrenzung zu bestimmen. Nach 18 Iterationszyklen wurde ein Modell errechnet, das im Durchschnitt um ca. 0,4 m von den tatsächlichen Verhältnissen abweicht, während der Verlauf der beiden Schwerekurven praktisch identisch ist. Für den theoretischen Test einer flächenhaften Anwendung der Methode diente ein Ausschnitt des in Abb. 4 dargestellten Kohleflözes. Das zu lösende Problem bestand hier darin, die Mächtigkeit des Flözes im Bereich einer Erosionsrinne (Abb. 8B) durch Variation der Kohleoberfläche zu bestimmen. Die Liegendbegrenzung der Kohle (Abb. 3) blieb während der Iteration konstant. Über ein mit Hilfe der Formel

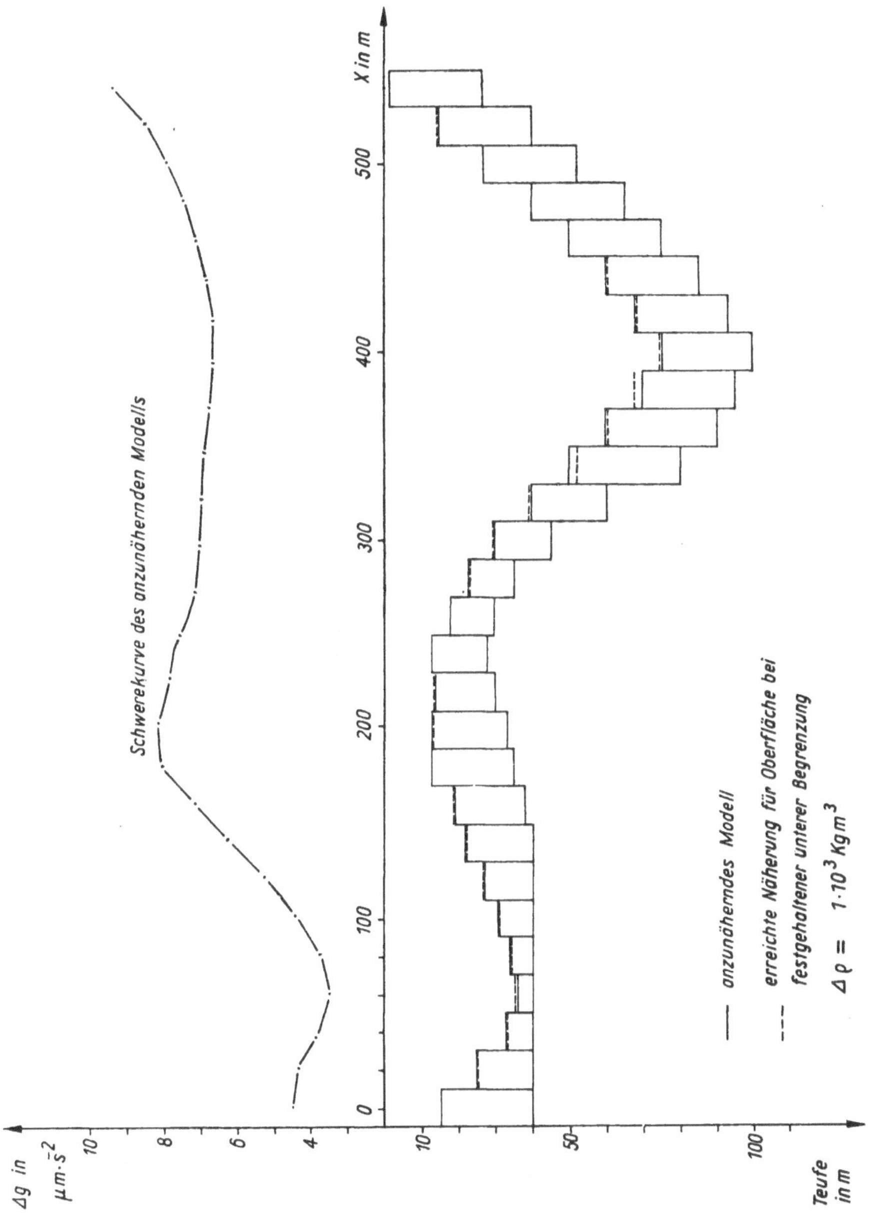

Abb. 7. Theoretisches Beispiel für profilmäßige Anwendung der iterativen Methode — Variation der Oberfläche

für die BOUGUER-Platte errechnetes Startmodell wurde aus dem gegebenen Schwerefeld (Abb. 6) für das Flöz ein Modell berechnet, das nach 12 Iterationszyklen bei 192 zu variierenden Prismen eine mittlere Abweichung vom tatsächlichen Modell von ca. 1 m aufwies. Größere Fehler treten, wie auch in Abb. 8A zu erkennen ist, nur dort auf, wo

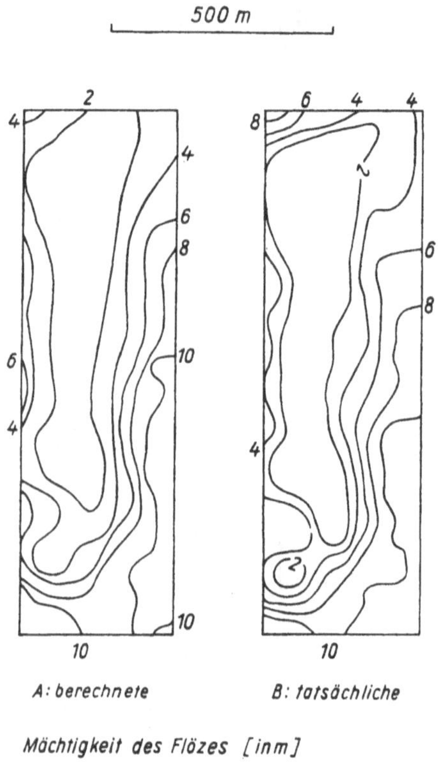

Abb. 8. Lösung der indirekten Aufgabe bei flächenhafter Bearbeitung eines theoretischen Beispiels

außerhalb des Iterationsgebietes große Mächtigkeitsgradienten vorkommen. Der Fehler bei der Annäherung beider Schwerefelder liegt bei 0,02 $\mu m \cdot s^{-2}$.

Die praktische Anwendung der vorgestellten indirekten Methode wird an dem Profil in Abb. 9 demonstriert. Günstige Ansatzpunkte für das Verfahren waren aus geologischer Sicht in den mit I, II und III gekennzeichneten Bereichen gegeben. In Abschnitt II wurde insofern ein ideales Ergebnis erzielt, als die Differenzanomalie durch die Variation einer Schicht (Oberfläche des Schluffes), $\Delta\varrho = -0{,}45 \cdot 10^3$ kg m^{-3} weitestgehend beseitigt werden konnte. Durch Ergebnisse von seitlich des Profiles gelegenen Bohrungen ist die rechnerisch ermittelte Erosion des Schluffes bzw. die damit erreichte gute Übereinstimmung zwischen berechneter und gemessener Schwerekurve auch geologisch recht gut belegt.

In den Abschnitten I und III konnten durch Variation einer Schicht, speziell des Geschiebemergels, keine ausreichenden Ergebnisse berechnet werden. Erst zusätzliche, durch direkten Eingriff erfolgte Veränderungen der Oberfläche des Hangendflözes ergaben ein Modell (in Abb. 9 durch punktierte Linien gekennzeichnet), das geologisch

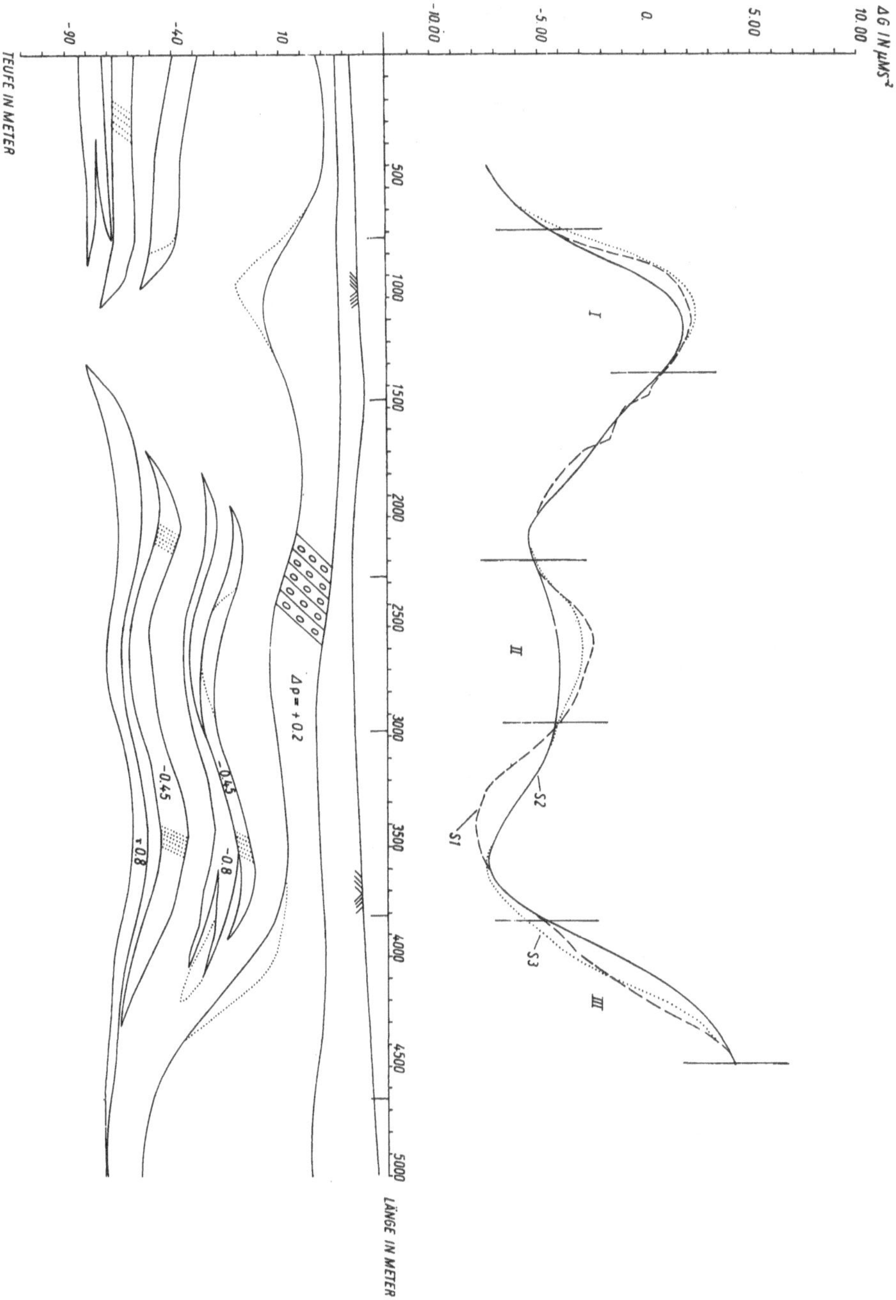

Abb. 9. Einsatz des iterativen Verfahrens an einem praktischen Beispiel (Profil)
S1 — gemessene Schwerekurve, *S2* — Modellschwerekurve (Ausgangsmodell),
S3 — Schwerekurve des verbesserten Modells
Angaben der Dichtewerte $\Delta\varrho$ in 10^3 kg m^{-3}

vertretbar ist und außerdem eine recht gute Annäherung des berechneten an das gemessene Schwerefeld erzielt. In diesen beiden Abschnitten wird deutlich, daß zur Minimierung auftretender Differenzanomalien meist nur über eine Anwendung beider Methoden, d. h. iterative Verbesserung und direkte Änderung des Modells, befriedigende Korrekturen der modellierten geologischen Verhältnisse erreicht werden können.

Für die Differenzanomalie zwischen den Profilmetern 3000 und 3700 wurde das indirekte Verfahren deshalb nicht eingesetzt, weil es keinen geologisch begründeten Ansatzpunkt dafür gab, welche Schicht variiert werden sollte. Die Ursache für die Differenzanomalie müßte durch eine Bohrung geklärt werden.

Literatur

[1] BHATTACHARYYA, B. K.; NAVOLLO, M. E., A fast fourier transform method for rapid computation of gravity and magnetic anomalies due to arbitrary bodies. Geophysical Prospecting, The Hague, **24** (1976) 4, 633–649.

[2] BERESIN, I. S.; SHIDKOV, H. P., Numerische Methoden. Akademie-Verlag Berlin 1970.

[3] CORDELL, L.; HENDERSON, R. G., Iterative three dimensional solution of gravity anomaly data using a digital computer. Geophysics, Tulsa, **33** (1968) 4, 596–601.

[4] KOCH, K. R., Digitales Geländemodell und automatische Höhenlinienzeichnung. Z. für Vermessungswesen, Stuttgart, 8 (1973) 346–352.

[5] KU, C. C., A direct computation of gravity and magnetic anomalies caused by 2- and 3-dimensional bodies of arbitrary shape and arbitrary polarisation by equivalent-point-method an a simplified cubicspline. Geophysics, Tulsa, **42** (1977) 3, 610–622.

[6] MUNDRY, E., Zur automatischen Herstellung von Isolinienplänen. Beihefte z. geol. Jahrbuch, Hannover, **98** (1970) 77–93.

[7] NAGY, D., The gravitational attraction of a right rectangular prism. Geophysics, Tulsa, **31** (1966) 362–365.

[8] OBERLÄNDER, K.; SCHUBERT, H.; SEIDEL, K., Über ein Verfahren zur Berechnung der Schwerewirkung zweidimensionaler geologischer Modelle von Braunkohlenfeldern. Neue Bergbautechnik, Leipzig (1979) (in Vorbereitung).

[9] PELTO, C. R.; ELKINS, T. A.; BO YD, H. A., Automatic contouring of irregularly spaced data. Geophysics, Tulsa, **33** (1968) 424–430.

Geophys. u. Geol. Geophys. Veröff. d. KMU Leipzig Bd. II H. 3 S. 73–76 Berlin 1981

Optische Richtungsanalyse von Isolinienkarten

G. PETZOLD und E. DANCKWARDT[1]

Zusammenfassung: Ein Auswerteverfahren von Isolinienkarten ist die Richtungsstatistik. Bisher angewandte Methoden zur Richtungsanalyse sind sehr zeitaufwendig. Es wird ein optisches richtungsstatistisches Verfahren zur Analyse von Isolinienkarten (Zweidimensionale Fouriertransformation) vorgestellt und gezeigt, daß dieses Verfahren sehr schnell arbeitet und zusätzlich noch Angaben über die Gradientenverteilung liefert.

Richtungsstatistische Untersuchungen von Isolinienkarten spielen in der geophysikalischen Erkundung, z. B. bei der Auswertung mikromagnetischer Messungen, eine große Rolle. Ein bereits klassisches Verfahren ist die Richtungsanalyse von LAUTERBACH und BUCHHEIM (1953). Bei dieser Methode werden die einzelnen Isolinien in möglichst kleine, äquidistante Abschnitte unterteilt. In jedem auf diese Art erhaltenen Punkt wird die Richtung der Tangente an die Isolinie mit einem geeigneten Hilfsmittel (Derivimeter, Kompaß u. a.) bestimmt. Die gemessenen Winkel werden in Klassen eingeteilt und gezählt. Im allgemeinen wird mit einer Klassenbreite von 5° gearbeitet. Nach Eliminierung des isotropen Anteils wird die Anzahl der Winkel pro Klasse in eine Richtungsrose eingetragen. Aus einer solchen Darstellung können die in der Isolinienkarte enthaltenen Vorzugsrichtungen gewichtet abgelesen werden.

Dieses Verfahren erfordert jedoch einen erheblichen Zeitaufwand. Deshalb wurde versucht, ein in der Seismik unter dem Namen LASERSCAN bekanntes Verfahren zur Frequenz- und Neigungsanalyse bzw. Filterung von Zeitschnitten zur Analyse von Isolinienkarten zu nutzen. Dieses Verfahren beruht auf einer zweidimensionalen optischen FOURIER-Transformation der Ausgangsdaten (SCHIKOWSKI, 1969). Dabei werden die analog aufgezeichneten Signale in Flächen- bzw. Dichteschrift verkleinert auf ein Diapositiv kopiert und in den Strahlengang eines Lasers gebracht. Eine hinter diesem Diapositiv befindliche Sammellinse erzeugt in ihrem Brennpunkt die zweidimensionale FOURIER-Transformierte des Zeitschnittes. Zu gleichen Resultaten kommt man, wenn man sich das Diapositiv als Beugungsgitter vorstellt und das Beugungsbild dieses Gitters bei parallelem Lichteinfall (FRAUENHOFERsche Beugung) untersucht.

Bei der optischen FOURIER-Transformation wird die folgende Anordnung verwendet (Abb. 1): Ein vom Laser ausgesandter Lichtstrahl wird durch eine Kombination von zwei Linsen unterschiedlicher Brennweite auf rund 15 mm Durchmesser aufgeweitet. In diesen aufgeweiteten Strahl wird das Diapositiv gebracht. Durch eine nachfolgende Sammellinse mit langer Brennweite wird die FOURIER-Transformierte erzeugt, die danach mit einer weiteren Linse vergrößert und mittels Kleinbildkamera auf Negativ-

[1] Anschrift der Verfasser:
Dr. rer. nat. E. DANCKWARDT, Dipl.-Geophys. G. PETZOLD, Wissenschaftsbereich Geophysik der Sektion Physik der Karl-Marx-Universität, DDR-7010 Leipzig, Talstr. 35.

film festgehalten wird. Nach dem Entwickeln und Vergrößern des Filmes kann die Auswertung vorgenommen werden.

Trotz des Vorteils der Bearbeitung einer gewaltigen Menge von seismischen Daten in sehr kurzer Zeit wird dieses Verfahren kaum angewendet, da durch die Flächen- bzw. Dichteschrift außerordentlich hohe Anforderungen an das verwendete Filmmaterial in bezug auf die Grauabstufung gestellt werden. Mit dem zur Verfügung stehenden besten Filmmaterial ist ein Dynamikbereich von ca. 30 dB zu erfassen, während mindestens

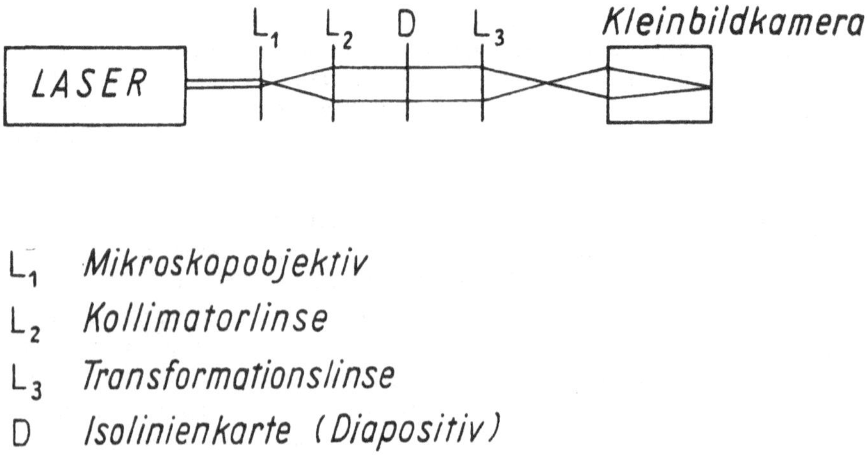

Abb. 1. Anordnung für eine optische Fourier-Transformation

100 dB benötigt werden. Außerdem ist die Transparenz solcher Aufzeichnungen gering so daß Laser großer Leistungen verwendet werden müssen. Infolge der Durchsetzung der Digitaltechnik in der Seismik erübrigte sich darüber hinaus ein solches analoges Datenverarbeitungsverfahren.

Bei vielen geophysikalischen Meßmethoden fallen die Daten zur Zeit nicht EDV-gerecht an. Sie werden nach wie vor analog ausgewertet und nur in speziellen Fällen auf EDVA weiterbearbeitet.

In vielen Fällen, vor allem in der Mikromagnetik, ist der Richtungsinhalt von Isolinienkarten von besonderem Interesse. Zu seiner Bestimmung eignet sich besonders gut die optische zweidimensionale Fourier-Transformation, da die Isolinienkarte sehr viel besser als ein seismischer Zeitabschnitt einem Beugungsgitter entspricht (keine Grauabstufung).

Wenn man die Isolinienkarte als Beugungsgitter mit örtlich veränderlicher Gitterkonstante betrachtet, dann hat ihre Fourier-Transformierte folgendes prinzipielles Aussehen (Abb. 2): Sie besteht aus Punkten bzw. Flecken unterschiedlicher Helligkeit und unterschiedlichem Abstand vom Zentralstrahl Z. Der Winkel zwischen der Y-Achse und der Verbindungslinie zwischen dem jeweiligen Punkt und dem Zentralstrahl minus 90° ergibt die Richtung der diesen Punkt erzeugenden Isolinien. Der Abstand r dieses Punktes vom Zentralstrahl entspricht dem Gradienten (Gitterkonstante), der indirekt proportional dem Abstand der Isolinien untereinander ist. Die Helligkeit des Punktes ist ein Maß für die Gesamtlänge der diesen Punkt erzeugenden Isolinien. Die Helligkeit eines Punktes und sein Winkel gegenüber der Y-Achse entsprechen also den in der herkömmlichen Richtungsrose enthaltenen Informationen. Zusätzlich kann bei der optischen Analyse eine Aussage über die Gradientenverteilung erfolgen.

Ein Vergleich zwischen einer nach der Methode von LAUTERBACH und BUCHHEIM (1953) erhaltenen Richtungsrose mit einer auf optischem Wege erzeugten zeigt, daß sie die gleiche Aussagekraft haben. Ein entscheidender Vorteil der optischen Richtungs-

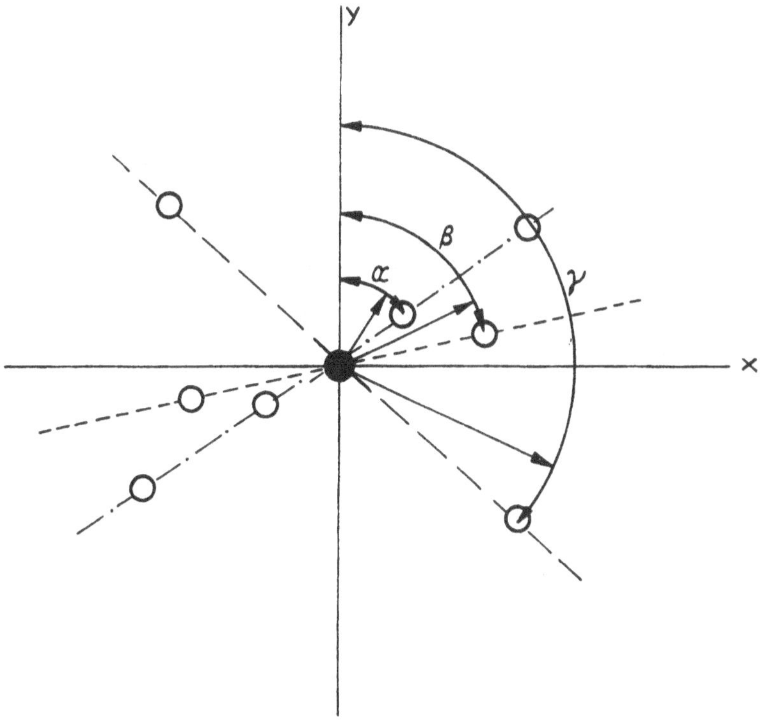

Abb. 2. Schematische Darstellung einer optisch erzeugten Richtungsrose

analyse ist jedoch die größere Bearbeitungsgeschwindigkeit. In der Zeit, die für Ermittlung einer Richtungsrose nach der herkömmlichen Methode benötigt wird, können ca. 30 Richtungsrosen auf optischem Wege erzeugt werden.

Werden nicht zu hohe Anforderungen an die Genauigkeit gestellt, dann können auf optischem Wege auch Richtungsrosen erzeugt werden, die den herkömmlichen direkt entsprechen. Bei nicht allzu starker Verkleinerung der Isolinienkarte erhält man eine FOURIER-Transformation (Beugungsbild), bei der auch Punkte höherer Ordnung mit sehr kleinem Abstand untereinander auftreten. Da die Helligkeit der Punkte mit zunehmender Ordnung abnimmt, wird, bedingt durch die Filmempfindlichkeit, nur eine begrenzte Punktzahl im Endergebnis dargestellt. Je größer die Helligkeit des Punktes erster Ordnung ist, desto mehr Punkte höherer Ordnungen werden dargestellt und desto länger ist also auch die Indikation, so daß die auf optischem Weg erzeugte Rose nun die gleiche Form wie herkömmliche Richtungsrosen besitzt.

Bei der hier vorgestellten Anordnung wurde ein He–Ne-Laser vom Typ HND 25 mit einer Ausgangsleistung von 0,48 mW verwendet. Als Filmmaterial hat sich der Dokumentenfilm DK 5 bewährt.

Eine Verbesserung der hier dargelegten Methode ließe sich vorstellen, indem man statt der direkten photographischen Aufzeichnung das Bild der FOURIER-Transformierten auf einen Schirm projiziert, der mit Flüssigkristallen (Cholesterinderivaten) belegt ist. Dabei werden die Intensitätsunterschiede der einzelnen Punkte bzw. Flecken als Farbunterschiede (rot bis violett) dargestellt. Dieses Farbbild kann dann einfach durch Farbfotografie festgehalten und später ausgewertet werden. Allerdings ist hierbei ein Laser mit höherer Ausgangsleistung erforderlich. Dieses Verfahren hat den großen Vorteil, daß Farbunterschiede bedeutend leichter als Helligkeitsunterschiede wahrgenommen und interpretiert werden können. Zur Zeit werden erste Versuche in dieser Richtung durchgeführt.

Literatur

ABBÉ, E., Beiträge zur Theorie des Mikroskops und der mikroskopischen Wahrnehmung. Archiv für mikroskopische Anatomie **9** (1873).

DANCKWARDT, E.; PETZOLD, G., Optische Richtungsanalyse von Isolinienkarten. Unv. Neuerervorschlag am Wissenschaftsbereich Geophysik, Leipzig 1977.

LAUTERBACH, R.; BUCHHEIM, W., Isanomalenrichtungsstatistik als Hilfsmittel tektonischer Untersuchungen. Gerlands Beiträge zur Geophysik **63** (1953) 2, S. 80–98.

SCHIKOWSKY, P., Zur Problematik der optischen Seismogrammbearbeitung. Unv. Diplomarbeit, KMU Leipzig (1969).

Geophys. u. Geol. Geophys. Veröff. d. KMU Leipzig Bd. II H. 3 S. 77–83 Berlin 1981

Über magnetische Störeinflüsse auf Messungen mit Sharpe-Gravimetern[1]

K. SCHIELE und CHR. ZYLKA[2]

Zusammenfassung: Untersucht wurde der Einfluß des Erdmagnetfeldes und stärkerer magnetischer Felder auf die Meßgenauigkeit der Sharpe-Gravimeter. Die Darstellung der Meßergebnisse und Gedanken zur ihrer Erklärung bilden den Hauptteil dieses Artikels. Die wichtigsten Resultate sind magnetische Charakteristiken der untersuchten Gravimeter und eine strengere Bedienungsvorschrift.

Die Beeinträchtigung von Schweremessungen durch das Erdmagnetfeld ist ein lange bekanntes Übel. Da die schwingenden Systeme bislang aus Metall (wegen der Feder im allgemeinen aus Stahl) gefertigt wurden, erwartet man einen solchen Effekt, und seine Erklärung bereitet keine Schwierigkeiten.

In der DDR werden bei Schweremessungen seit einiger Zeit kanadische Instrumente des Typs CG-2 verwendet. Die Meßsysteme dieser Geräte bestehen aus der paramagnetischen Substanz Quarz. Da sich die Permeabilität ferro- und paramagnetischer Stoffe um mehrere Größenordnungen unterscheidet, bestand die Hoffnung, daß die magnetische Beeinflußbarkeit dieser Geräte merklich unter der ihrer Vorgänger liegen und damit für die gravimetrische Praxis eliminiert sein sollte.

Leider bestätigen mehrjährige Erfahrungen diese Erwartungen nicht. Es treten immer wieder kleinere Schwierigkeiten in der Reproduzierbarkeit von Meßergebnissen und sogar größere Unstimmigkeiten bei Anschlußmessungen auf, insbesondere dann, wenn die Profilrichtungen in den zu verbindenden Gebieten verschieden sind.

Aus diesem Grunde wurden die Instrumente sorgfältigen Tests unterzogen, deren Ziel es war, die Ursache hierfür zu finden, zu erklären und zu beseitigen. Diese Tests bestanden daher aus Messungen im Erdmagnetfeld, im kompensierten Erdfeld, in variablen Gleich- und Wechselfeldern verschiedener Richtungen und verschiedener Frequenzen sowie aus chemisch-analytischen und radiophysikalischen Experimenten.

Untersucht wurden acht Gravimeter und ein defektes Meßsystem. Vier Gravimeter erwiesen sich für die in der Praxis vorkommenden Magnetfelder unterschiedlich stark anfällig. Sie lieferten folgende Resultate.

[1] Diese Arbeit wurde im Rahmen des Industriepraktikums der Sektion Physik der KMU Leipzig mit Unterstützung des VEB Geophysik Leipzig ausgeführt.

[2] Anschrift der Verfasser:
K. SCHIELE, CHR. ZYLKA, Karl-Marx-Universität, Sektion Physik, DDR - 7010 Leipzig, Karl-Marx-Platz 10.

1. Messungen im Erdmagnetfeld

Bei einigen Gravimetern wurde eine Azimutabhängigkeit der Anzeige festgestellt. Diese Abhängigkeit ist sinusförmig. Der Nullpunkt der Winkelzählung und die gravimeterspezifische Abhängigkeit der Amplitude gehen aus Abb. 1 und 2 und Tab. 1 hervor.

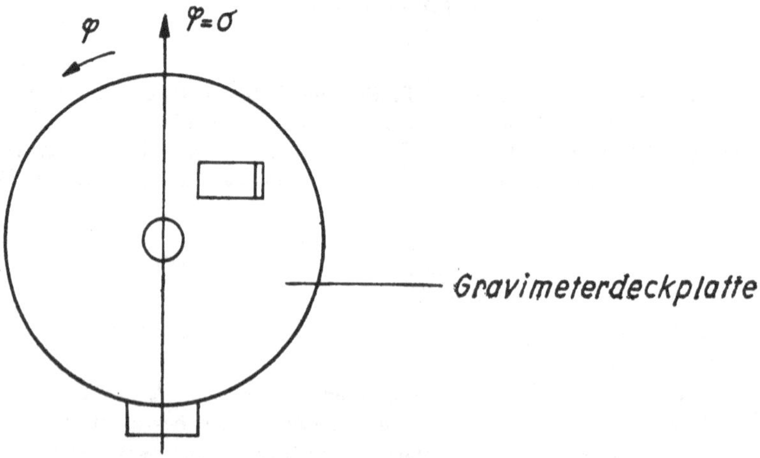

Abb. 1. Aufsicht des Gravimeters mit der verwendeten Festlegung des Azimuts

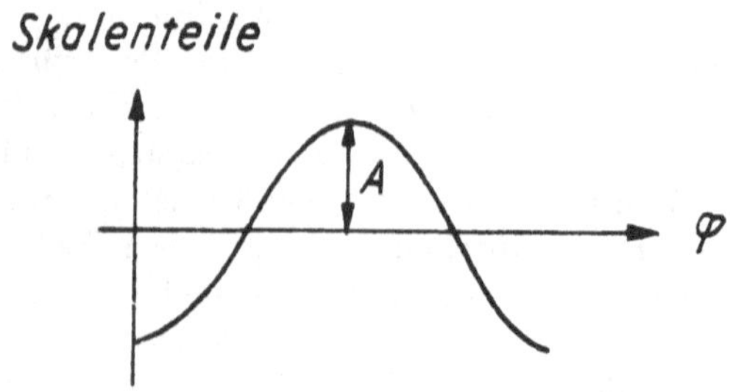

Abb. 2. Azimutabhängigkeit der Anzeige bei Messungen im Erdfeld

Tabelle 1. Azimutabhängigkeit der Anzeige bei Messungen im Erdfeld

Gravimeter	A in Skalenteilen
A	30
B	60
C	20
D	—
E	50
F	—
G	—
H	—

2. *Messungen bei kompensierter Horizontalkomponente des Erdmagnetfeldes*

Mit der Kompensation des Feldes verschwindet die Richtungsabhängigkeit der Anzeige. Damit ist geklärt, daß auch bei diesen Gravimetern das irdische Magnetfeld Fehlanzeigen bewirkt. (Ein Vektor von ähnlich überregionaler Bedeutung wie das Erdmagnetfeld ist die Winkelgeschwindigkeit der Erde. Sie ist in diesem Zusammenhang auch diskutiert worden, scheidet aber unseres Erachtens als Ursache aus.) Diese Messungen wurden mit zwei HELMHOLTZ-Spulenpaaren vorgenommen, deren Daten aus Tab. 2 hervorgehen.

Tabelle 2. Daten der verwendeten HELMHOLTZ-Spulen

	Spule I	Spule II
Spulendurchmesser	(2,00 0,02) m	(1,00 0,01) m
Windungszahl	6675	100
Spulenkonstante	60,07 Gauß/A	1,80 Gauß/A
Betriebsspannungen	0,99···1,99 kV	0,00···12,3 V
Betriebsströme	0,083···0,166 A	0,00···2,00 A
erreichte Feldstärken	4,98···9,97 Gauß	0,00···3,60 Gauß
Stromart	Gleichstrom	Gleich- und Wechselstrom
Spulenstellungen	horizontal, vertikal	h., v. und Zwischenstellungen
Versorgungsgerät	Statron 0,3···2/0,2	2 TG 15/6 A-F EMG 1117/1

3. *Messungen im variierbaren horizontalen Gleichfeld*

Mit Hilfe der Spulen konnten Felder erzeugt werden, die dem Zwanzigfachen des Erdfeldes entsprechen und damit auch über den Feldstärken liegen, die in Extremfällen in der Praxis vorkommen, z. B. unter Gleichstromfahrleitungen der Elektrozüge in Tagebauen.

Bei höheren Feldstärken treten die schon unter 1. festgestellten Einflüsse noch deutlicher hervor, wobei die Amplituden nahezu linear mit der Feldstärke wachsen (Abb. 3).

4. *Messungen im vertikalen Gleichfeld*

Es treten keine Beeinflussungen der Anzeige auf — unabhängig von der Feldstärke.

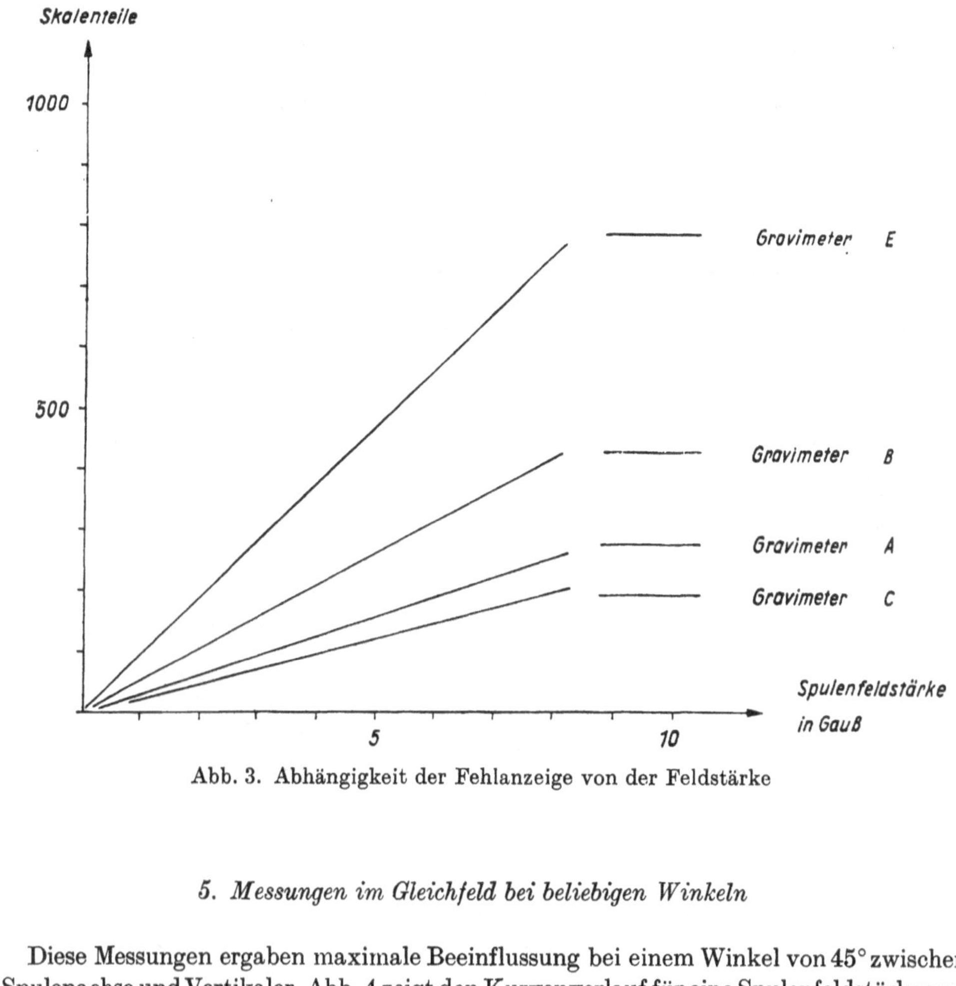

Abb. 3. Abhängigkeit der Fehlanzeige von der Feldstärke

5. *Messungen im Gleichfeld bei beliebigen Winkeln*

Diese Messungen ergaben maximale Beeinflussung bei einem Winkel von 45° zwischen Spulenachse und Vertikaler. Abb. 4 zeigt den Kurvenverlauf für eine Spulenfeldstärke von 3,5 Gauß und optimal abgestimmtem Azimut. Die Störung ist (wie in Abb. 3) proportional der magnetischen Feldstärke.

6. *Messungen im magnetischen Wechselfeld*

Da das Meßsystem schwingungsfähig ist, erwartet man Resonanzerscheinungen. Ein schöner Nachweis der magnetischen Beeinflußbarkeit besteht gerade darin, daß man das Meßsystem nicht wie bisher auf Vibriertischen, sondern durch ein magnetisches Wechselfeld geeigneter Frequenz in Resonanz bringt! Auf diese Weise läßt sich das Resonanzverhalten der Gravimeter genauer untersuchen, beispielsweise auch klären, daß die technisch bedeutsamen Frequenzen 16 2/3 Hz, 50 Hz (Europa) und die 60 Hz (Südamerika), die genügend weit von der Resonanzstelle entfernt liegen, keinen Einfluß auf die gravimetrische Messung ausüben. Die Ergebnisse sind in Abb. 5 zusammengefaßt. Für Anregungen im Resonanzintervall bestätigen sich die Resultate 1—5.

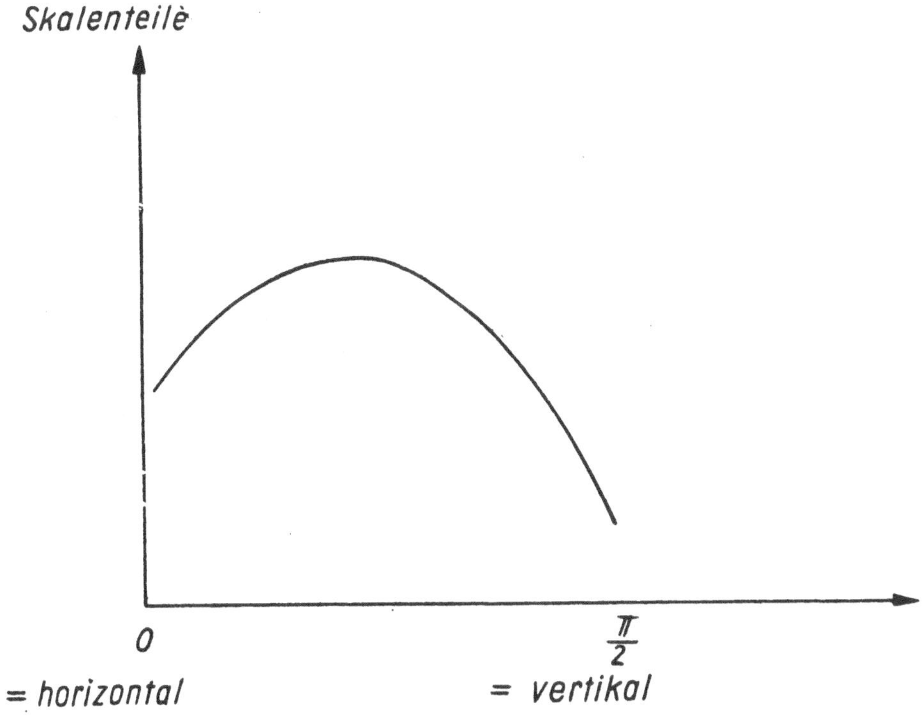

Abb. 4. Abhängigkeit der Fehlanzeige von der Neigung des Magnetfeldes zur vertikalen Achse

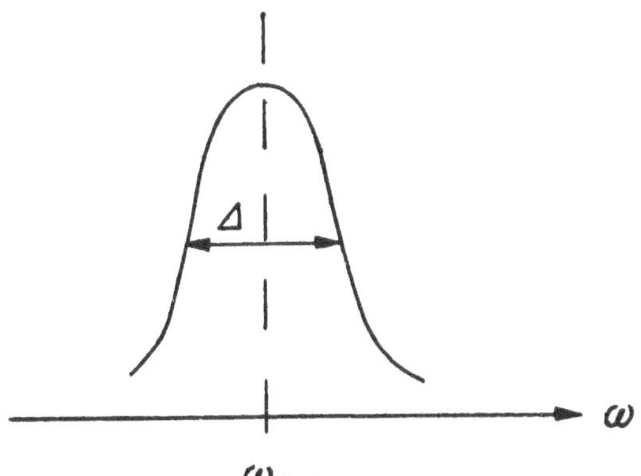

Abb. 5

7. *Ergebnis der chemischen Analyse*

Der Frage nach der Ursache der magnetischen Sensibilität nachgehend, wurden Teile eines zerstörten Meßsystems der Thiocyanatreaktion — einem sehr empfindlichen Eisennachweis — unterzogen. Das Ergebnis war schwach positiv: In 1 g Quarz befinden sich etwa 0,4 μg Eisen.

8. Resultat der radiophysikalischen Untersuchungen

Durch vergleichende γ-Spektroskopie wurde die im Gravimeter befindliche radioaktive Quelle als Radium 226 identifiziert. Dosisleistungsmessungen mit γ-Szintillations-Curiemetern VHJ-05 ergaben Werte bis zu 0,15 mr/h. (Damit liegen die empfangenen Strahlungsdosen auch für einen Beobachter, der täglich 10 Stunden mit dem Gerät arbeitet, noch unter der zulässigen Grenze von 17 rem/d.)

Die Untersuchungsergebnisse legen einige Hypothesen zur Erklärung der beobachteten magnetischen Beeinflußbarkeit nahe:

(1) In dem Quarzmeßsystem sind ferromagnetische Verunreinigungen enthalten, die eventuell auch zum Zweck der Verringerung der thermischen Ausdehnung „künstlich" eingebracht wurden.
(2) Diese Verunreinigungen bewirken noch ein magnetostriktorisches oder magnetokalorisches Verhalten der Quarzteile.
(3) Im inhomogenen Feld wirkt auf ein paramagnetisches Material eine Kraft. Quarz ist paramagnetisch.
(4) Oberflächenverunreinigungen auf dem Meßquarz ferromagnetischer Eigenschaft bewirken die Magnetfeldempfindlichkeit des Gravimeters.

Tabelle 3

Hypothese	Für	Wider
(1)	• sinusförmige azimutale Magnetfeldabhängigkeit bei Gravimetern mit Eisenfedern • qualitative Analyse	
(2)		• Kleinheit der Effekte • Resonanz nicht widerspruchsfrei erklärbar
(3)	• Magnetfeld im Gravimeter vermutlich inhomogen	• es müßten alle Geräte empfindlich sein
(4)	• Verunreinigungen können z. B. beim Erneuern des Vakuums eindringen	• empfindliche Gravimeter sind nicht mit denen identisch, die bereits einmal geöffnet wurden
(5)	• Zwischenwinkelmessungen Draht zur Temperaturkompensation im Meßsystem hat eine Neigung von 40···60° zur Horizontalen — im gleichen Winkelbereich liegt das Empfindlichkeitsmaximum	• Resonanz nicht widerspruchsfrei erklärbar • im Vertikalfeld müßte deutliche Azimutabhängigkeit nachweisbar sein • Widerspruch zur Sinusform der Empfindlichkeitskurve
(6)	• Dosisleistungsmessung • Spektroskopie	

(5) Der die thermische Ausdehnung kompensierende Metalldraht ist magnetisch beeinflußbar.
(6) Die dauernde Wirkung der radioaktiven Strahlung hat Veränderungen im Kristallgitter des Quarzes hervorgerufen. Kleine Ströme fließen.

Normalerweise verdienen derartig kleine Effekte wenig Beachtung, doch eine Abschätzung zeigt, daß die wirkenden Kräfte, welche die Magnetfeldempfindlichkeit hervorrufen, nur etwa 10^{-14} N (!) betragen.

Einige Argumente zu den Hypothesen 1—6 sind aus Tab. 3 ersichtlich.

Vorsichtig formuliert, kann man sagen: Die magnetische Empfindlichkeit bzw. Unempfindlichkeit der einzelnen Gravimeter ist ein durch die Konstruktion oder individuelle Alterserscheinung bedingter Geräteeffekt.

Trotz der Unsicherheit in der theoretischen Erfassung sind die praktischen Konsequenzen klar: Unter Ausnutzung der zwei Nullstellen der Sinuskurve ergibt sich ein ebenso einfaches wie wirksames Verfahren zur Eliminierung des Magnetfeldeinflusses. Die Aufstellung der magnetisch anfälligen Instrumente muß unter Berücksichtigung der Richtung des Erdmagnetfeldes erfolgen, und zwar so, daß sie in der Schwingungsebene des Zeigers liegt. Praktisch läßt sich das am einfachsten durch Aufkleben eines kleinen Kompasses auf die Oberplatte des Gravimetergehäuses verwirklichen. Die Gravimeter sind also mit seiner Hilfe vor jeder Messung zusätzlich noch „einzunorden“, wobei eine Drehung um 180° keine Rolle spielt. Selbst für Routinemessungen ist diese Forderung — gemessen am Zeitaufwand der Libelleneinstellung — ein vernachlässigbarer, aber eben nötiger Mehraufwand.

Literatur

DIVIS/TOBYAS, Stud. Geophys. et Geodaet., 20 (1976).

Instruction manual: Sharpe gravity meters, Toronto (Canada).

JAHNDER/BLASIUS, Lehrbuch der präp. anorgan. Chemie. Leipzig 1973.

SCHIELE/ZYLKA, Theoretische und praktische Untersuchungen zum Einfluß des Erdmagnetfeldes auf die Meßgenauigkeit der CG-2-Gravimeter, unveröffentlicht.

Spravotschnik geofizika tom 5, Moskau, 1968.

VESELOV/SAGITOR, Gravimetritscheskaja rasvedka. Moskau 1968.

WATERMANN, Dissertation. München 1957.

Geophys. u. Geol. Geophys. Veröff. d. KMU Leipzig Bd. II H. 3 S. 85–87 Berlin 1981

Über eine Methode zur gravimetrischen Erkundung des Untergrundes von Seen[1]

K. SCHIELE und CHR. ZYLKA[2]

Zusammenfassung: In dieser Arbeit wird das Problem der Gravimetrie auf schwingenden Eisflächen angesprochen.

Es wird vorgeschlagen, dafür Erscheinungen auszunutzen, die den aus der Akustik bekannten CHLADNIschen Figuren entsprechen. Zum Auffinden dieser Figuren könnte die Methode der Multispektralanalyse verwendet werden.

Die gravimetrische Erkundung des Untergrundes von größeren Binnengewässern ist ökonomisch reizvoll. Da die Sharpe-Gravimeter aber weder auf Schiffen noch unter Wasser einsetzbar sind, wurde versucht, mit ihnen im Winter auf dem Eis der Müritz zu messen. (Die Müritz ist der größte Binnensee der DDR, er nimmt eine Fläche von 115 km^2 ein und besitzt langgestreckte Gestalt.) Da die Eisdecken aber ständig schwingen, waren die dabei erzielten Ergebnisse unbefriedigend. Liegt nämlich die Schwingungsfrequenz in der Nähe der Resonanzfrequenz der Gravimeter (0,1 Hz), so sind Messungen völlig unmöglich. Aber selbst außerhalb der Resonanz bleibt eine grundsätzliche Schwierigkeit: Gemäß dem Äquivalenzprinzip kann das Gravimeter nicht zwischen dem Anteil, der durch Gravitation, und demjenigen, der durch beschleunigte Bewegung hervorgerufen wird, unterscheiden. Die Gravitation wird sozusagen moduliert.

Beschäftigen wir uns zunächst etwas näher mit den Eisflächen. Das naheliegende Modell für sie ist das der Membran. Unter der Annahme, daß die Stärke des Eises klein gegenüber seiner Ausdehnung ist und unter der Voraussetzung, daß die unterschiedliche Kompressibilität der angrenzenden Medien (oberhalb Luft, unterhalb Wasser) die Symmetrie der Schwingung trotzdem nur wenig stört, ist die Näherung gut.

Die einfachste Gleichung, die solch ein Membranverhalten erfaßt, lautet $\Box u = 0$ ($\Box$ — D'ALEMBERT-Operator, $u = u(\vec{r}, t)$ — Wellenfunktion). Sie beschreibt eine ideale, homogene freischwingende Membran. Für eine realistischere Modellierung wird man natürlich kompliziertere Gleichungen verwenden müssen, z. B. solche, die Inhomogenität und Biegesteife berücksichtigen. (Derartige Gleichungen sind bei COURANT/HILBERT (1968) oder bei KAMKE (1956) diskutiert.) Für die hier beabsichtigte qualitative Diskussion ist jedoch die einfache Wellengleichung ausreichend.

Unter den für solche hyperbolische Differentialgleichungen formulierbaren Aufgaben ist offensichtlich ein gemischtes Rand-Anfangswert-Problem das dem physikalischen Hintergrund angepaßte. Der am Ufer festgefrorenen Eisdecke soll die am Rand eingespannte Membran entsprechen.

[1] Diese Arbeit wurde mit Unterstützung des VEB Geophysik Leipzig ausgeführt.

[2] Anschrift der Verfasser:
K. SCHIELE, CHR. ZYLKA, Karl-Marx-Universität, Sektion Physik, DDR - 7010 Leipzig, Karl-Marx-Platz 10.

Nach FOURIER läßt sich der Bewegungszustand einer kreisförmigen Membran mit einem faktorisierten Reihenansatz beschreiben (SMIRNOW, 1972). Die daraus folgende Bedingung für die Ermittlung der Grundschwingung $I_0\left(\omega_0 \sqrt{\frac{\varrho}{\sigma}}\, r\right)$ nutzen wir zu einer Abschätzung (I_n — BESSEL-Funktion n-ter Ordnung, ϱ — Dichte, σ — Spannungskoeffizient). Für einen See mit dem Radius von 10 km beträgt die Frequenz der Grundschwingung ω_0 rund 1/10 Hz, also gerade die Gravimeterresonanzfrequenz. Obwohl die Müritz nicht sonderlich kreisförmig ist (30 km $\times$ 5 km), betrachten wir obige 10 km als eine charakteristische Länge dieses Sees und sehen hierin eine nachträgliche Erklärung des Scheiterns der gravimetrischen Messungen auf ihm.

Die für alles weitere entscheidenden Erscheinungen an schwingenden Membranen sind die sogenannten CHLADNIschen Klangfiguren. Das sind Knotenlinien, also Linien der Ruhe, die auftreten, wenn die Membran Oberschwingungen ausführt. Diese Figuren sind für rechteckige, elliptische und einige weitere spezielle Membranen berechnet, für weniger symmetrische empirisch bestimmt (CHLADNI 1817, LAMB 1906).

Gelänge es nun, die CHLADNIschen Figuren der Eisfläche zu finden, so könnte man — ihre Knotenlinieneigenschaft ausnutzend — auf ihnen messen. Für die Realisierung dieses Vorschlages sind drei Probleme zu lösen:

1. die kontrollierte Anregung der Schwingungen,
2. das Auffinden der CHLADNI-Figuren und
3. deren geringe Stabilität.

Zunächst zum Auffinden: Eine Berechnung für beliebige Formen ist aussichtslos, Lediglich für Seen, deren Gestalt nur wenig von den exakt berechenbaren abweicht. könnte man ein RITZsches Verfahren versuchen. Somit bleiben nur empirische Verfahren. Die von CHLADNI angewandte Methode des Bestreuens versagt hier. Das ist die Erfahrung. So bleibt Pulverschnee liegen und ordnet sich nicht etwa in Linien an. Eine numerische Abschätzung liefert die Erklärung. Mit unseren Frequenzen wären Eisamplituden in der Größenordnung Meter nötig; die gibt es aber nicht. Ein anderes experimentelles Verfahren besteht in der Ausnutzung der Spannungsabhängigkeit der optischen Eigenschaften von Kristallen. So können innere Spannungen zur Doppelbrechung führen, und tatsächlich beobachtet man die Knoten und Bäuche eines durch Reiben angeregten Weinglases vorteilhaft mit Polarisationsfiltern. Wir meinen nun, daß bei schwingenden Eisflächen ähnliche optische Unterschiede als Ergebnis der unterschiedlichen Spannungszustände in Knoten und Bäuchen auftreten und multispektralanalytisch nachweisbar sein sollten! Begrenzende Faktoren hierbei sind das geometrische, besonders aber das spektrale Auflösungsvermögen der verwendeten Kamera, so reicht dasjenige der Multispektralkamera 6 vom VEB Carl Zeiss Jena für diesen Zweck noch nicht aus.

Zu Stabilität und Anregung: Leider sind die CHLADNI-Figuren nicht sehr stabil. Sie existieren bei definierten Frequenzen und gehen unstetig in andere über, wenn diese Frequenzen sich ändern. Wahrscheinlich läßt sich aber hier durch geeignete Anregung Abhilfe schaffen. Denn man wird doch versuchen, die Eisfläche zu bestimmten Schwingungen zu zwingen, z. B. durch eine Sprengung. Noch besser als eine „δ-Anregung“ sollten periodische sein. Sie hätten zwei Vorteile: den ersten im Hinblick auf die Stabilität; es würden die Schwingungen immer wieder reproduziert und auf diese Weise stabilisiert. Zum anderen könnte man durch die Wahl der Impulsform zusätzlich übersichtliche Verhältnisse schaffen; aus den zugehörigen FOURIER-Reihen ist ablesbar, welche Frequenzen im Spektrum vorkommen und wie rasch die Amplituden der Oberschwingungen abnehmen, so daß mittels Periode und Form des Impulses definierte Frequenzen bzw. Frequenzgemische der Eisdecke aufgezwungen werden können.

Die Weiterentwicklung der Multispektralanalyse wird zeigen, ob sich aus obigen Überlegungen ein handliches und ökonomisch vertretbares Verfahren zur Erweiterung der gravimetrischen Erkundung entwickeln läßt. Auch übersteigt die experimentelle Prüfung dieses Vorschlages unsere studentischen Möglichkeiten. Das kann nur Aufgabe eines entsprechend ausgerüsteten Institutes sein.

Literatur

ADRIANOW, zitiert in: KAUTZLEBEN: Erkundung der Erde aus dem Weltraum. Wissenschaft und Fortschritt 27 (1977) 5.

CHLADNI, Die Akustik. Leipzig 1817.

COURANT/HILBERT, Methoden der mathematischen Physik. Berlin, Heidelberg, New York, 1968.

KAMKE, Differentialgleichungen, II. Leipzig, 1956.

LAMB, Schwingungen elastischer Systeme, insbesondere Akustik. Encyklopädie der mathematischen Wissenschaften, Mechanik, Bd. 4, Leipzig 1906.

SMIRNOW, Lehrgang der höheren Mathematik, Teil II. Berlin 1972.

SCHIELE/ZYLKA, Theoretische und praktische Untersuchungen zum Einfluß des Erdmagnetfeldes auf die Meßgenauigkeit der CG-2-Gravimeter, unveröffentlicht.

Geophys. u. Geol. Geophys. Veröff. d. KMU Leipzig Bd. II H. 3 S. 89–105 Berlin 1981

Zur Frage des Einflusses von Luftverunreinigungen auf das Klima[1]

CH. HÄNSEL[2]

Zusammenfassung: Es wird ein zusammenfassender Überblick über Wirkungen gasförmiger und fester anthropogener Luftverunreinigungen auf Komponenten des atmosphärischen Strahlungshaushaltes und auf das thermische Regime an der Erdoberfläche gegeben. Wegen der noch unvollständigen Kenntnis des verzweigten Systems klimabildender Wechselbeziehungen müssen Ergebnisse von Modellrechnungen unter einschränkender Berücksichtigung der in den Modellen enthaltenen Prozesse und Voraussetzungen beurteilt werden.

Summary: A comprehensive survey is given over effects of gaseous and solid man-made air pollutions on components of the atmospheric radiation ballance and on the thermal regime near the Earth's surface. On account of the still incomplete knowledge of the very branched system of climate effecting interactions the results of climate modelling are to judge in restricting consideration of the processes and assumptions included in the models.

1. Vorbemerkungen

Das Interesse an der Kenntnis der Prozesse, die den Zustandskomplex Klima bestimmen, und an der Kenntnis der Ursachen und der Mechanismen, die das Klima verändern, hat sich wesentlich verbreitert seit die Entwicklung der Technik und der Produktion einen Eingriff auch in großräumige Klimate möglich gemacht hat. Verschiedene Formen der Klimavariationen, die auf der Erde im Verlaufe ihrer geologischen Entwicklung und auch in historischer Zeit nachweisbar sind, Klimaänderungen, Klimaschwankungen, Klimaverwerfungen, Klimatrends, sind genau definiert worden (WMO 1966). Ein umfangreicher und aussagefähiger Informationszuwachs in den letzten Jahren über Klimate der Vergangenheit erlaubt bereits eine relativ detaillierte Rekonstruktion der Klimaerscheinungen und des Klimaverlaufes, deren Genauigkeit und Sicherheit selbstverständlich abnimmt, je weiter sie zurückliegen. Zur Erklärung liegen zahlreiche, von terrestrischen oder extraterrestrischen Ursachen ausgehende Hypothesen vor (s. bei SCHWARZBACH, 1961; HÄNSEL, 1975), unter denen die komplexen geophysikalischen Modelle (z. B. FLOHN, 1969) besonderes Interesse erwecken.

Die aus den meteorologischen Meßreihen der jüngeren Vergangenheit feststellbaren Klimaschwankungen, in erster Linie ausgedrückt durch Schwankungen der Mitteltemperaturen, sind eng korreliert mit Schwankungen der Charakteristika der allgemeinen

[1] Kolloquiumsvortrag, Meteorologische Gesellschaft der DDR, Sektion Süd, 13. 11. 1979 in Radebeul.

[2] Anschrift des Verfassers:
Prof. Dr. sc. nat. CHRISTIAN HÄNSEL, Sektion Physik, Wissenschaftsbereich Geophysik der Karl-Marx-Universität, DDR-7010 Leipzig, Talstraße 35.

Zirkulation und sind möglicherweise als interne Schwankungen des sehr vielseitig wirkenden Systems atmosphärisch-hydrosphärischer Prozesse anzusehen. Es bleibt die Frage nach dem Nachweis und der Wirkung denkbarer Ursachen, durch die die zur Verfügung stehende Energie, ihre Verteilung nach Ort und Zeit und ihre Umsetzung beeinflußt werden und sich auf Wetter, Witterung und Klima auswirken.

Bereits im „Global Atmospheric Research Programme" (GARP), neuerdings im Weltklimaprogramm, sind in Übereinstimmung mit der Aktualität dieser Frage international umfangreiche Forschungen festgelegt worden. Darin wird die Vielfalt der klimabildenden Prozesse, der Klimafaktoren, in folgende Gruppen unterteilt (WMO/ICSU 1975):

Strahlungsprozesse, Wolkenbildungsprozesse, Prozesse der Landoberfläche, ozeanische Prozesse, kryosphärische Prozesse und Prozesse durch Veränderungen der Atmosphärenzusammensetzung, besonders durch Kohlendioxid, Ozon und Aerosole.

Diese Prozesse sind einzeln oder gemeinsam Bestandteile von Klimamodellen. Sie sind auch experimenteller Untersuchungsgegenstand zur Analyse von Gliedern der Ursache—Wirkung-Kette. Das Ziel bleibt die Vorhersage von Schwankungen oder Änderungen des Klimas in Abhängigkeit von Ort und Zeit. Über Möglichkeiten, Bedingungen und Grenzen der Vorhersagbarkeit klimatischer Veränderungen liegen zahlreiche Überlegungen vor (z. B. HASSELMANN und HERTERICH 1977, LEITH 1975 und 1978, LORENZ 1975, KELLOG 1977, THOMAS 1979). Sie sind nicht Gegenstand dieser Diskussion. Vielmehr soll hier ein knapper, zusammenfassender Überblick über Ergebnisse und Gedanken zum Problem der Beeinflussung des Klimas durch Luftverschmutzungen aus natürlichen, besonders aber aus anthropogenen Quellen gegeben werden.

2. *Globale Emissionsmengen*

Mit der Bedeutung und mit dem Umfang der Untersuchungen der Luftverunreinigungen ist die Fachliteratur zu diesem Problem auf ein kaum noch überschaubares Maß angewachsen. Als zusammenfassende Informationsquellen über globale Probleme der Luftverunreinigungen sollen hier stellvertretend nur SINGER 1970 und 1975 genannt sein

Die Geochemie hat mit den Problemen der anthropogenen Verunreinigung von Boden, Wasser und Luft eine sehr vielseitige Erweiterung und eine enge Bindung an die Geophysik erfahren. Hier müssen die Erörterungen auf einen knappen Überblick über die Emissionsmengen der Stoffe beschränkt bleiben, die zu relativ hohem Anteil anthropogen emittiert werden und die als potentielle Ursachen für Veränderungen im Strahlungshaushalt gelten. Die Tabelle 1 enthält eine Zusammenstellung wichtiger gasförmiger Luftbeimengungen nach ROBINSON und ROBBINS (aus: SEIDL, 1974). Die Angaben der globalen Emissionsmengen zeigen, daß anthropogene Emissionen dicht bei den Größenordnungen der Emissionen natürlicher Quellen liegen, teilweise diese übertreffen. In der Tabelle 2 ist eine entsprechende Abschätzung der Partikelemission, natürlich und anthropogen, nach HIDY und BROCK (aus: SEIDL, 1974) angegeben.

Neben den Kenntnissen der physikalischen Eigenschaften dieser Luftverunreinigungen bis hin zum Wechselwirkungsmechanismus, die in einem Klimamodell in hinreichend vollständiger Form enthalten sein müssen, verlangt eine sichere Vorhersage einer anthropogenen Klimaveränderung eine genügend sichere ökonomische und technologische Prognose, die nicht weniger problemreich ist.

Tabelle 1. Globale Emissionsmengen gasförmiger Luftverunreinigungen aus natürlichen und anthropogenen Quellen (nach ROBINSON und ROBBINS, s. SEIDL, 1974)

Stoff	Hauptquelle		Emissionsstärke [t/Jahr]		atmosphärische Konzentration
	natürlich	anthropogen	natürlich	anthropogen	
CO_2	biologische Zersetzung, Ozeane	Verbrennung	10^{12}	$1,4 \cdot 10^{10}$	320 ppm
CO	Waldbrände	Verbrennungsmotoren	$0,7 \cdot 10^8$	$2,75 \cdot 10^8$	0,1 ppm
H_2S	Vulkane biologische Quellen	chemische Prozesse Abwasser	10^8	$3 \cdot 10^6$	0,2 ppb
SO_2	Vulkane	Öl-, Kohle-, Gasverbrennung	?	$7 \cdot 10^7$	0,2 ppb
NH_3	biologische Zersetzung	Müllverbrennung	10^9	$4 \cdot 10^6$	6···20 ppb
N_2O	biologische Prozesse im Boden	—	$6 \cdot 10^8$	—	0,25 ppm
NO, NO_2	Bodenbakterien	Verbrennungsprozesse	NO: $4,3 \cdot 10^8$ NO_2: $6,6 \cdot 10^8$	$5,3 \cdot 10^7$	NO: 0,2—2 ppb NO_2: 0,5—4 ppb
KWS	biologische Prozesse	chemische Prozesse, Verbrennungsabgase	$5 \cdot 10^8$	$9 \cdot 10^7$	CH_4: 1,5 ppm Übrige: < 1 ppm

Tabelle 2. Globale Partikelemissionsmengen aus natürlichen und anthropogenen Quellen (nach HIDY und BROCK, s. SEIDL 1974)

	natürlich	anthropogen	
Primäre Quellen:			
Aufgewirbelter Staub	$10^4 \cdots 10^5$ t/Tag	Verbrennungsprozesse und industrielle Verfahren	$3 \cdot 10^5$ t/Tag
Spray aus Ozeanen	$3 \cdot 10^6$ t/Tag		
extraterrestrischer Staub	50—60000 t/Tag	Staub aus Landbau (nur USA!)	10^2—10^3 t/Tag
vulkanischer Staub	10^4 t/Tag		
Wald- und Steppenbrände	$4 \cdot 10^5$ t/Tag		
Sekundäre Quellen:			
Produkte vegetabiler Kohlenwasserstoffe	$5 \cdot 10^3$—$3 \cdot 10^6$ t/Tag	Produkte aus Kohlenwasserstoffen	$7 \cdot 10^3$ t/Tag
Sulfate aus H_2S und SO_2	10^5—10^6 t/Tag	Sulfate aus H_2S und SO_2	$3 \cdot 10^5$ t/Tag
NH_4-Aerosole	$7 \cdot 10^5$ t/Tag	Nitrate aus NO_x	$6 \cdot 10^4$ t/Tag
NO_3-Aerosole	10^6 t/Tag	NH_4-Aerosol	$3 \cdot 10^3$ t/Tag
Produkte aus vulkanischen Gasen	10^3 t/Tag		
	$8 \cdot 10^6$ t/Tag		$7 \cdot 10^5$ t/Tag

3. Einflüsse von Luftverunreinigungen auf den Strahlungshaushalt

Als Luftverunreinigungen sind die atmosphärischen Immissionen zu verstehen, die nach Art und Menge nicht dem natürlichen Stoffgleichgewicht zwischen den Geosphären entsprechen, also zusätzlich aus natürlichen oder anthropogenen Quellen eingebracht werden. Ihre Wirkung auf das Klima geht von ihrem Einfluß auf Komponenten des Strahlungshaushaltes aus. Oft wird den Luftverunreinigungen auch die unmittelbare anthropogene Wärmezufuhr zugeordnet. Bezogen auf Areale von Städten oder Industriegebieten liegt diese Energieemission in der Größenordnung des Wärmeumsatzes der solaren Einstrahlung am Erdboden ($0{,}1-1$ kW $\cdot$ m^{-2}). Die Weltenergieproduktion erreicht gegenwärtig fast $1{,}2 \cdot 10^{13}$ W. Das entspricht einer auf die Erdoberfläche bezogenen mittleren Leistungsdichte von 0,02 W m^{-2} und ist somit nur das 10^{-4}fache der mittleren Energieumsetzung aus der Sonnenstrahlung am Erdboden (160 W m^{-2}). Angesichts der hohen jährlichen Zuwachsraten der Weltenergieproduktion (gegenwärtig ca. 8%/Jahr) kann erwartet werden, daß dieser Einfluß zukünftig auch im globalen Maßstab kein vernachlässigbarer Faktor mehr sein wird.

3.1. Gasförmige Luftbeimengungen

Der Einfluß der gasförmigen Luftverunreinigungen auf das thermische Regime und damit auf das Klima geht von deren selektiver Absorption im kurzwelligen oder im langwelligen Strahlungsgebiet aus, also von der Divergenz der Strahlungsströme. Schon am längsten und wohl auch am sichersten untersucht ist die Wirkung des Kohlendioxids. Seit etwa 1860 liegen Meßwerte der CO_2-Konzentration vor. Die „präindustrielle" Konzentration des CO_2 in der Atmosphäre wird mit 292 ppm angesetzt; von hier ausgehend ist der globale atmosphärische CO_2-Gehalt bis zum Jahre 1975 um 11,6% (auf 326 ppm) angestiegen. Diese aus der Verbrennung fossiler Energieträger resultierende Zunahme setzt sich mit der wachsenden Energieproduktion (vorwiegend über Kohle, Erdöl und Erdgas) auch zumindest in die nähere Zukunft weiter fort. Nach BREUER (1977) betrug die CO_2-Immission im Jahre 1957 312 ppm, so daß im globalen Mittel der CO_2-Gehalt in den letzten zwei Jahrzehnten um 4,5% gewachsen ist.

Die Güte der Vorausbestimmung des weiteren Anwachsens des CO_2-Gehaltes hängt wesentlich von der Kenntnis der Wirksamkeit der CO_2-Senken ab. Neben dem Photosyntheseprozeß wirken besonders die Ozeane. Nach den recht genauen Bestimmungen der industriellen CO_2-Emission durch KEELING (1973) wurden zwischen den Jahren 1860 und 1970 $410 \pm 50 \cdot 10^9$ t CO_2 industriell freigesetzt; das ist das 1,5—2fache des Nettozuwachses an atmosphärischem CO_2.

Nach den zahlreichen Abschätzungen wird das industriell freigesetzte CO_2 wie folgt akkumuliert:

Atmosphäre:	35—55%
Landvegetation:	15—35%
Ozeane:	20—50%.

Nach den Untersuchungen von MANABE und WETHERALD (1967, 1975), MANABE (1975) und nach anderen zahlreichen Arbeiten zu dieser Frage entspricht eine Verdopplung des atmosphärischen CO_2-Gehaltes einem Anstieg der Erdmitteltemperatur um

2,3 K. Neuere Rechnungen von SIEGENTHALER und OESCHGER (1978), die das Modell eines Zweikammer-Ozeans einschließen und damit die Diffusion von der oberen ozeanischen Mischungsschicht in die Tiefsee einbeziehen, führen unter Annahme konstantbleibender (gegenwärtiger) CO_2-Freisetzung ($1{,}87 \cdot 10^{10}$ t/Jahr) zu einer Verdopplung des atmosphärischen CO_2 im Zeitabschnitt der Jahre 2200—2500. Das wird als eine untere Grenze des zu erwartenden CO_2-Anstieges postuliert. Eine obere Grenze

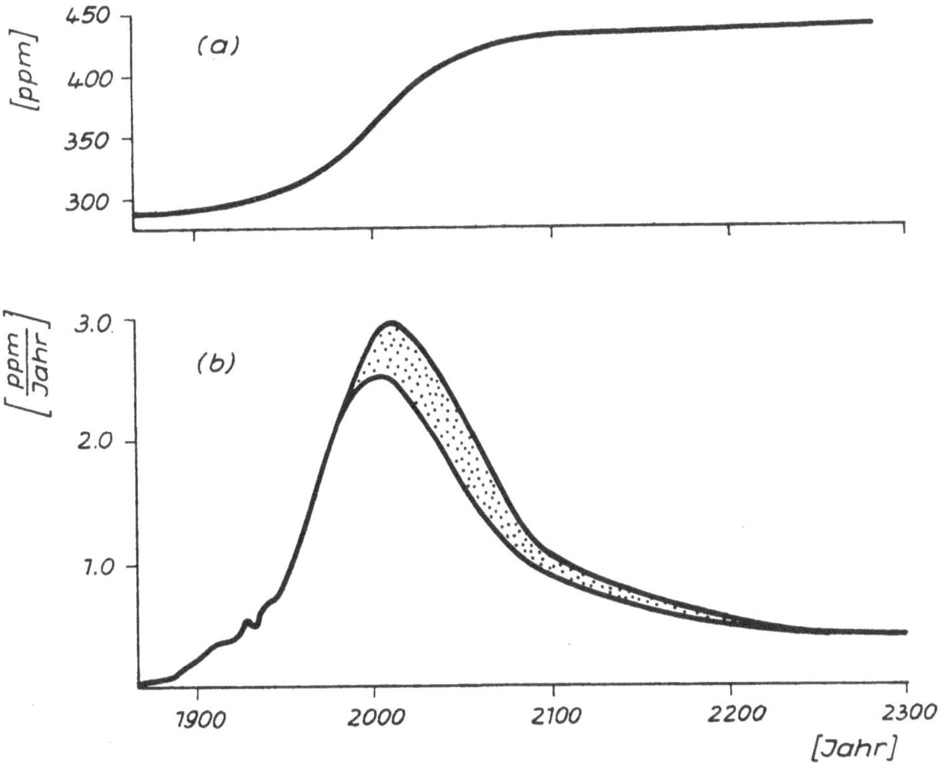

Abb. 1. Wachstumsmöglichkeiten der CO_2-Freisetzungsraten (b) unter der Bedingung eines maximalen atmosphärischen CO_2-Zuwachses auf das 1,5fache des präindustriellen Pegels (a), nach SIEGENTHALER und OESCHGER, 1978
(Die punktierte Fläche zwischen den Kurven repräsentiert die Unterschiede bei verschiedenen Annahmen über die Wirksamkeit der CO_2-Senken)

kann so bestimmt werden, daß man die gegenwärtige Steigerungsrate der CO_2-Freisetzung (4—5%/Jahr) bis zum Aufbrauch der Gesamtmenge des geschätzten abbauwürdigen fossilen Kohlenstoffes extrapoliert. Damit ergibt sich insgesamt 11,5facher CO_2-Zuwachs in der Atmosphäre und bereits um das Jahr 2020 eine Verdopplung des präindustriellen CO_2-Pegels. Das Maximum des atmosphärischen CO_2 würde 40 bis 80 Jahre nach dem Produktionsmaximum des CO_2 eintreten. Gegenüber früheren Abschätzungen liefert diese Berechnung einen stärkeren CO_2-Zuwachs; sie berücksichtigt, daß die Pufferfähigkeit der Ozeane mit wachsendem CO_2-Partikeldruck in der Atmosphäre und mit steigender Temperatur zurückgeht. In Abb. 1 sind die Produktionsraten des CO_2 dargestellt, nach denen der atmosphärische CO_2-Pegel unter dem 1,5fachen des präindustriellen Pegels bleibt, so daß keine signifikanten Temperaturänderungen erwartet werden müssen.

Die Chlorfluormethane sind vor allem wegen ihrer Veränderungen des atmosphärischen Ozongehaltes in die Diskussion gekommen (s. u. a. Junge, 1975). Von zu erwartenden Freisetzungen bis zum Jahre 2000 ausgehend schätzt Reck (1976) einen merklichen Rückgang des stratosphärischen O_3 um ein Maximum von 30% im Höhenniveau 40 km ab, das dort einen Temperaturrückgang um 7—8 K zur Folge haben soll. Berechnungen von Dave und Halpern (1976) lassen eine relativ starke Zunahme des UV der direkten Sonnenstrahlung bei Reduzierung des atmosphärischen Ozons erkennen, wobei die relative Zunahme mit der Zenitdistanz der Sonne stark anwächst. Die Intensität des diffusen UV, die bei senkrechtem Sonnenstand etwa mit gleicher Proportionalität wächst wie die der direkten, nimmt dagegen mit wachsender Zenitdistanz wesentlich langsamer zu.

Die in den letzten Jahren nach Anzahl und Qualität stark angewachsenen Untersuchungen der Einwirkungen atmosphärischer Spurenstoffe auf das stratosphärische

Tabelle 3. Absorptionsbanden für terrestrische Strahlung und atmosphärische Konzentrationen der Chlorfluormethane (nach Reck und Fry, 1978)

	Zentren der Absorptionsbanden [μm]	Gegenwärtige atmosphärische Konzentrationen [ppb v]
CF_2Cl_2	9,132	
	8,681	0,222
	10,930	
$CFCl_3$	9,217	
	11,820	0,131
		0,353

Ozongleichgewicht haben ergeben, daß eine stärkere Einflußnahme durch Chlorfluormethane zu erwarten ist als bisher angenommen. Ausgehend von der Emissionsrate des Jahres 1974 führen Modellrechnungen zu einer kontinuierlichen Reduzierung des stratosphärischen Ozons um 12—28% (WMO 1979). Andererseits konnte gezeigt werden, daß die Emissionen aus dem Flugverkehr der unteren Stratosphäre unerhebliche Auswirkungen auf das natürliche Stoffgleichgewicht haben.

Neuerdings kommen auch Einflüsse dieser Gase auf den thermischen Zustand am Erdboden in die Diskussion, die über Veränderungen der Solarstrahlung im UV-Bereich, mehr aber über die Absorptionsfähigkeit dieser Gase im langwelligen Strahlungsbereich wirksam werden.

Die Tabelle 3 enthält die Zentren der Absorptionsbanden von CF_2Cl_2 und $CFCl_3$ im langwelligen Bereich (nach Ramanathan, 1975) und die gegenwärtigen Konzentrationen in der Atmosphäre nach Rasmussen (s. Reck und Fry, 1978). Chlorfluormethane wirken also wesentlich im sonst transparenten atmosphärischen Fenster. Über diese zusätzliche Glashauswirkung würde eine Konzentrationserhöhung der Chlorfluormethane von insgesamt 1 ppb (bei konstantbleibendem Verhältnis der beiden Komponenten) der Erhöhung der Mitteltemperatur um 0,095–0,23 K entsprechen (Reck und Fry, 1978). Das Intervall entsteht durch unterschiedliche Ansätze für die Bewölkung, für die CFM-Absorptionsintensitäten und für den atmosphärischen Partikelgehalt. Bis zum Jahr 2000 kann ein Konzentrationsanstieg bis auf 2 ppb erwartet werden.

Tabelle 4. Die Glashauswirkung atmosphärischer Spurenstoffe (nach Wang et al., 1976)

Stoff	Schwerpunkt der Absorptionsbanden [nm]	gegenwärtige atmosphärische Konzentration [ppm]	angenommene Vervielfachung der atmosphärischen Konzentration	errechnete Auswirkung auf die globale Mitteltemperatur [K]
NO_2	7780 17000 4500	0,28	2	0,68–0,44
CH_4	7660	1,6	2	0,28–0,20
NH_4	10530	$6 \cdot 10^{-3}$	2	0,12–0,09
HNO_3	5900 7500 11300 21800	10^{-4} (?)	2	0,08–0,06
C_2H_4	10500	$2 \cdot 10^{-4}$	2	0,01–0,1
SO_2	8690 7350	$2 \cdot 10^{-3}$	2	0,03–0,02
CCl_2F_2	9130 8680 10930	$1 \cdot 10^{-4}$	20	0,54–0,36 (für CCl_2F_2 und CCl_3F)
CCl_3F	9220 11820	$1 \cdot 10^{-4}$	20	
CH_3Cl	13660 9850 7140	$5 \cdot 10^{-4}$	2	0,02–0,01 (für CH_3Cl und CCl_4)
CCl_4	12990	$1 \cdot 10^{-4}$	2	
CO_2	15000	330	1,25	0,79–0,53

Aber auch andere Spurengase mit Absorptionsbanden im Wärmestrahlungsbereich scheinen in bezug auf ihre Glashauswirkung nicht grundsätzlich vernachlässigbar zu sein (s. Tab. 4). Hierzu gehören: N_2O, CH_4, NH_3, HNO_3, bei deren doppelter Konzentration von Wang et al. (1976) Erhöhungen der Mitteltemperatur um 0,7/0,28/0,12 bzw. 0,08 K berechnet werden. Verdopplung des SO_2 führt zu einem vergleichweise geringen Einfluß von 0,03 K.

3.2. Atmosphärische Partikeln

Anthropogene Partikeln machen nach MITCHELL (1975) gegenwärtig 20% der Partikelzufuhr in die Atmosphäre aus. Die troposphärische Partikelgesamtmasse liegt bei $4 \cdot 10^7$ t, die mittlere Verweilzeit bei 9 Tagen. In der Stratosphäre halten sich durchschnittlich kleinere Teilchen auf, die vorwiegend dem Vulkanismus entstammen; die mittlere Verweilzeit in der Stratosphäre wird auf 14 Monate geschätzt.

Die Wirkungen der Partikeln im Strahlungs- und Wärmehaushalt sind sehr vielfältig und noch unzureichend genau bekannt; die Modellierung ihres Einflusses auf das thermische Regime ist entsprechend kompliziert und unsicher. Nicht zuletzt liegt die Ursache hierzu in der unterschiedlichen Stoffzusammensetzung der atmosphärischen Partikeln mit unterschiedlichen Streu- und Absorptionseigenschaften. Die Zusammenstellung von Ergebnissen der Bestimmung des Refraktionsindex von SPÄNKUCH (1978) umfaßt Werte des Realteiles im Bereich $m_r = 1{,}44-1{,}65$ $[m_i = 0{,}001-0{,}083]$.

Der Brechungsindex variiert stark mit der Luftfeuchte. Messungen des Streuverhaltens der Dunstschicht im Gebiet der Sahara mit einem Laser-Nephelometer ($\lambda = 633$ nm) erbrachte $m = 1{,}525 - 0{,}0067i$ (GRAMS et al. 1977), mit fast konstantem Wert innerhalb der vermessenen Schicht. Nach FISCHER (1970) liegt der Imaginärteil in der Größenordnung 10^{-2}. Besonders die genauere Kenntnis des Imaginärteils des komplexen Brechungsindex, der den Absorptionsanteil darstellt, ist für Abschätzungen des Partikeleinflusses auf das thermische Regime notwendig. KONDRAT'EV und VASIL'EV (1975) stellen fest, daß zwar der Anteil der Molekularabsorption an der relativen Strahlungsstromdivergenz überwiegt (der des Aerosols beträgt nur 20%), daß aber auf Grund der Energieverteilung im Sonnenspektrum die absoluten Strahlungsstromdivergenzen infolge Absorption durch das Aerosol von etwa gleicher Größenordnung wie durch die Gaskomponenten sind: Die der Gaskomponenten liegen bei $0{,}075$ cal $\cdot$ cm^{-2} $\times$ min^{-1}, die des Aerosols bei $0{,}095$ cal $\cdot$ cm^{-2} $\cdot$ min^{-1}. Somit spielt das Aerosol eine wichtige Rolle im Strahlungsregime; im sichtbaren Bereich der Solarstrahlung kommt der Aerosoleffekt in die Größenordnung der Wirkung des Wasserdampfes, aber auch im Infrarotbereich ist die Aerosolwirkung nicht vernachlässigbar (WANG und DOMOTO, 1974). Das betrifft natürlich auch die langwelligen terrestrischen Strahlungsströme, auf die Partikeln in realistischen Konzentrationen in etwa gleicher Stärke wirken wie mittlere Wasserdampfkonzentrationen (ESCHELBACH, 1973).

Charakteristika der Wirkung des Aerosols im planetaren Strahlungshaushalt gehen aus Modellrechnungen von LIOU und SASAMORI (1975) hervor: Über einer Erdoberfläche höherer Albedo führt Aerosolanreicherung zur Herabsetzung der planetaren Albedo, zu einer erhöhten Energieeinnahme durch das System Erdoberfläche/Atmosphäre. Über einer Erdoberfläche kleiner Albedo wirkt Aerosolanreicherung entgegengesetzt (Abb. 2). Wie auch zahlreiche Untersuchungen anderer Autoren ergeben Modellrechnungen von BRASLAU und DAVE (1973), daß zunehmender atmosphärischer Aerosolgehalt zu Abkühlung oder Erwärmung an der Erdoberfläche führen kann, je nach der Streu- und Absorptionscharakteristik des Aerosols, nach der Bodenalbedo und nach der Lageverteilung des Aerosols in der Atmosphäre. Aus einer Modellrechnung von NEUMANN und COHAN (1972) zeigt sich, daß in einem breiten Bereich der Absorptions- und Rückstreukoeffizienten der Partikeln bei Existenz nur einer Aerosolschicht in der Troposphäre oder in der Stratosphäre das System Atmosphäre/Erdoberfläche kühler wird.

(Die Atmosphäre erwärmt sich zwar, dies wird aber durch die Abkühlung am Boden überkompensiert.) Dagegen kann bei Existenz von zwei Schichten mit gleichen optischen Eigenschaften das System Energie gewinnen, wenn der Absorptionskoeffizient relativ groß gegenüber dem Rückstreukoeffizienten ist.

Nach YAMAMOTO und TANAKA (1972) wird der thermische Effekt im wesentlichen durch den Imaginärteil des Refraktionsindex bestimmt. Bei $n_i > 0{,}05$ erwärmt sich das System Atmosphäre/Erdoberfläche mit wachsender Trübung.

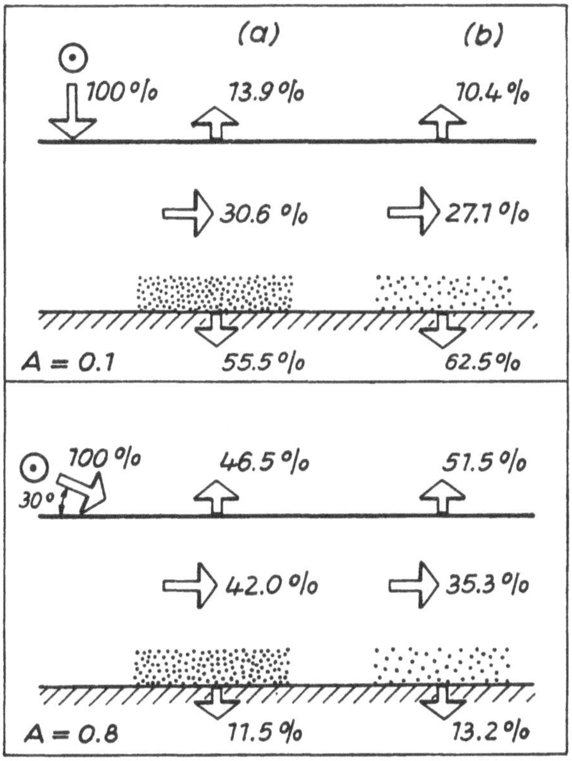

Abb. 2. Strahlungshaushalt des Systems Atmosphäre/Erdoberfläche in dunstiger (a) und klarer Atmosphäre (b) für zwei Beispiele unterschiedlicher Zenitdistanzen der Sonne und unterschiedlicher Albedo (A) der Erdoberfläche (nach LIOU und SASAMORI, 1975)

Untersuchungen von HERMAN und BROWING (1975) zeigen ebenfalls, daß bei kleiner Erdoberflächenalbedo der Rückstrahlungsstrom des Systems Atmosphäre/Erdoberfläche mit wachsender Partikelimmission zu- oder abnehmen kann in Abhängigkeit vom Imaginärteil des Refraktionsindex. Bei hoher Oberflächenalbedo ($A > 0{,}4$) führt nach diesen Untersuchungen wachsende atmosphärische Partikelimmission stets zur Abnahme des reflektierten Strahlungsstroms (bei $n_i > 0{,}01$). Bei $n_i > 0{,}05$ nimmt nach diesen Untersuchungen der Rückstrahlungsstrom schon unter geringerer Oberflächenalbedo ($A > 0{,}1$) ab. Außerdem zeigt sich, daß bei nichtabsorbierendem Aerosol die Bodenalbedo stärker auf die Rückstrahlung wirkt als die Trübung. Man erhält also folgende kritische Werte n_i, unterhalb derer Abkühlung und oberhalb derer Erwärmung in Bodennähe infolge wachsender Partikelimmission eintritt: Für $A = 0{,}1$: $n_i = 0{,}01$ bis 0,02 (je nach Zenitdistanz der Sonne), für $A = 0{,}4$: $n_i = 0{,}001-0{,}002$ (bei Zenitdistanz 15—55°) und für $A = 0{,}8$: $n_i = 0$, also stets Erwärmung.

Nach Modellrechnungen von MITCHELL (1971) existiert ein kritischer Wert des Verhältnisses von Absorption zu Rückstreuung, der von der Bodenalbedo, von dem Anteil fühlbarer und latenter Wärme an der Gesamtwärmebilanz der Erdoberfläche und von dem Aerosolanteil abhängt, der in konvektivem Kontakt mit der Erdoberfläche steht. Hiernach ergibt stratosphärisches Aerosol Abkühlung am Boden, während troposphärisches Aerosol mit verschiedenem Vorzeichen wirken kann, vorwiegend aber eine Erwärmungstendenz hat, jedoch nicht über Städten und Wüsten. Damit hat das Stadtaerosol tagsüber die Tendenz zur Stabilisierung der städtischen atmosphärischen Bodenschicht und wirkt begünstigend auf die Aerosolanreicherung (ATWATER, 1975).

Bei allen diesen Abschätzungen darf der Einfluß der Bewölkung auf das Strahlungsregime nicht außer acht bleiben. Die Wolken bedecken ca. 50% der Erdoberfläche und sind der wichtigste Einflußfaktor auf den atmosphärischen Strahlungshaushalt. Modellrechnungen für vier Zustände, wolken- und verunreinigungsfreie (RAYLEIGH-) Atmosphäre, reine Atmosphäre und Aerosol, reine Atmosphäre und Wolkenteilchen und Aerosol + Wolken von LIOU, FREEMAN und SASAMORI (1978), die von wellenlängenabhängigen Brechungsindices für Aerosol und Wasser Gebrauch machen und unter zwei Bodenalbedo-Bedingungen ($A = 0{,}1$ und 0,4) durchgeführt werden, führen zusammengefaßt zu folgender Aussage (Abb. 3): In einer staub- und wolkenfreien Atmosphäre folgt die Vertikalverteilung der Solarstrahlungsabsorption der vertikalen Wasserdampf- und Ozonverteilung. Das Maximum liegt in ca. 2 km Höhe mit 3,8 K/Tag. Aerosol erhöht die Erwärmungsrate um ca. 0,5 K/Tag. Die Absorption durch die Wolken entsteht durch die Konvergenz der Strahlungsströme an der Wolkenoberfläche. Die im Modell untersuchte Stratocumulus-Wolke von 450 m Dicke ergibt auf Grund ihrer hohen optischen Dicke eine Absorption mit einem Äquivalent von 12 K/Tag. Abnehmende Sonnenhöhen bringen qualitativ gleichartige Resultate aber mit abnehmenden Erwärmungsraten, am stärksten innerhalb der Wolke. Zunahme der Bodenalbedo läßt die Erwärmungsraten in der Atmosphäre ansteigen.

Es läßt sich somit ein spürbarer Einfluß des Aerosols auf die Erwärmung der Atmosphäre erkennen, wenn die Atmosphäre klar ist, weniger aber für eine bewölkte Atmosphäre. Bei tiefem Sonnenstand und hoher Bodenalbedo nimmt der Bewölkungseinfluß relativ ab und der Aerosoleinfluß zu (s. auch MORIYAMA, 1978). Außerdem zeigt sich, daß Unter- bzw. Überbewertung von atmosphärischer Absorption bzw. Reflexion eintreten, wenn man in den Modellrechnungen die Absorption durch O_2 und O_3 vernachlässigt.

Abb. 3. Erwärmungsraten [K/Tag] in Abhängigkeit von der Erdoberflächenalbedo (A) und der Zenitdistanz der Sonne (ϑ) für vier verschiedene Modellatmosphären: Nur aus Luftmolekülen bestehende (RAYLEIGH-) Atmosphäre [———], RAYLEIGH-Atmosphäre mit Aerosol (nach MCCLATCHEY et al.) [—·—·—], RAYLEIGH-Atmosphäre mit Bewölkung (Cu-Bewölkung in 1,7 km Höhe und 0,45 km Dicke) [— — —] und RAYLEIGH-Atmosphäre mit Aerosol und Bewölkung [··········] (nach LIOU, FREEMANN und SASAMORI, 1978)

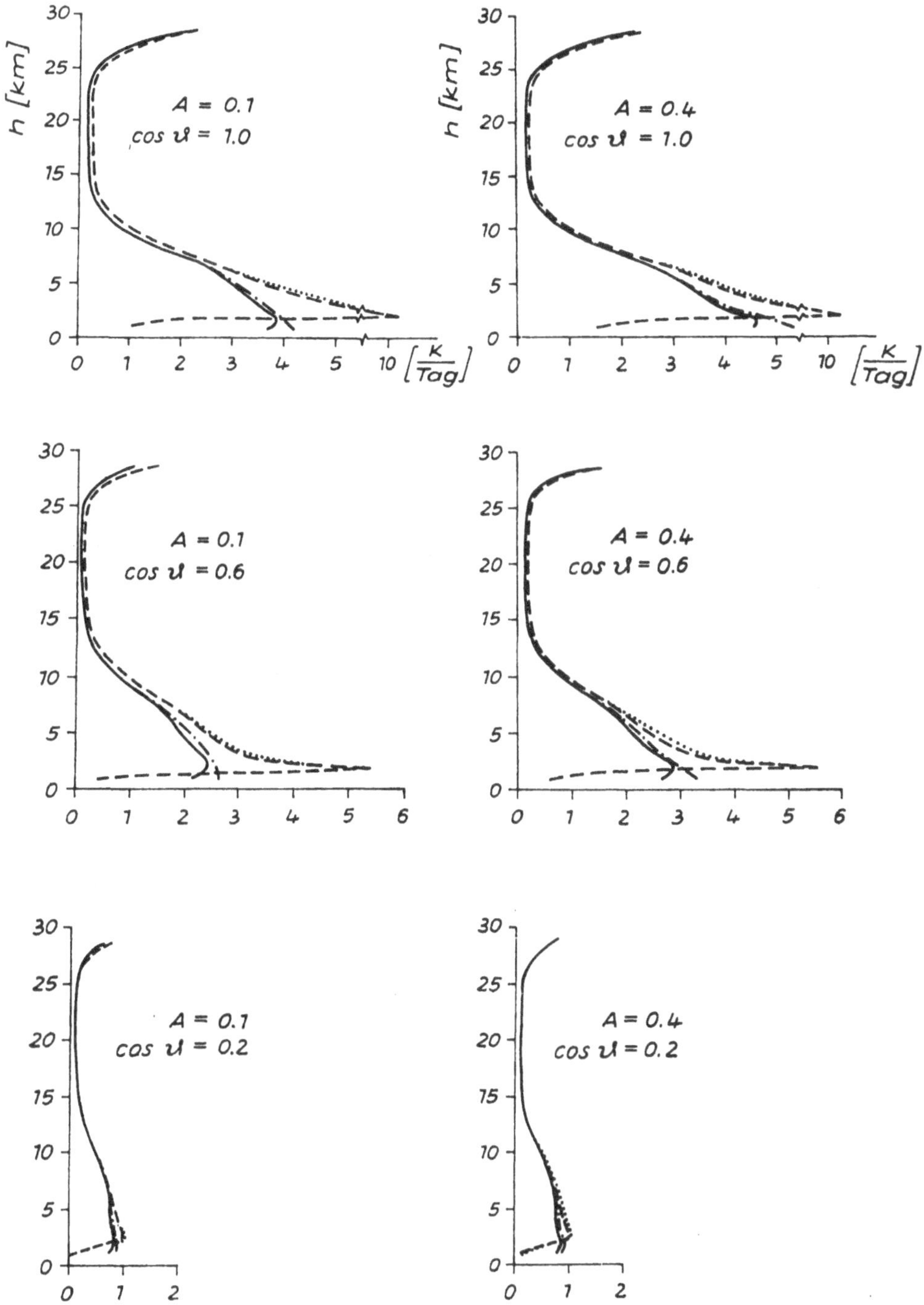
h [km]
A = 0.1
cos ϑ = 1.0
A = 0.4
cos ϑ = 1.0
[K/Tag]
A = 0.1
cos ϑ = 0.6
A = 0.4
cos ϑ = 0.6
A = 0.1
cos ϑ = 0.2
A = 0.4
cos ϑ = 0.2

Der hohe Einfluß des Aerosols auf die terrestrische Ausstrahlung geht u. a. aus Untersuchungen von PUESCHEL und KUHN (1975) hervor, nach denen 95% der Infrarotextinktion durch das städtische Aerosol absorbiert werden. Diese Absorptionsrate hängt eng von der Partikelkonzentration ab, während sich die Variation des Absorptionskoeffizienten relativ gering auf die Absorptionsfähigkeit auswirkt.

4. *Zu klimatologischen Konsequenzen der anthropogenen Luftverunreinigungen*

Wenn man den Bereich der natürlichen Klimaschwankungen der historischen Zeit auch noch gültig für das kommende Jahrtausend ansieht und die natürlichen Klimafaktoren als konstant behandelt, muß angenommen werden, daß die zu erwartenden klimatischen Auswirkungen der menschlichen Tätigkeit wesentlich über die natürlichen Schwankungen hinausgehen. Nach den vorangehenden Erörterungen wäre dann für die nächsten Jahrhunderte ein Trend zur Erwärmung zu erwarten. Diese Entwicklung hätte selbstverständlich sehr viele Konsequenzen; zu ihnen gehört die Verlängerung der Vegetationszeit in mittleren und höheren Breiten (bei Temperaturanstieg in der Zone 60—70° Breite um 2—3 K ergeben sich 20—30 Tage Verlängerung, vielleicht auch etwas weniger, denn wahrscheinlich wirkt sich eine Erwärmung stärker im Winter als im Sommer aus). Auch die Niederschlagsverteilung würde sich ändern. Sie verändert sich mit der allgemeinen Zirkulation, die den Wasserdampf transportiert, sie hängt von den regionalen thermodynamischen Faktoren ab, die die Niederschlagsbildung und den Aggregatzustand des Wassers bestimmen. Es liegen auch bereits einige Experimente mit Modellen der allgemeinen Zirkulation vor. Bei aller Vorsicht in der Beurteilung dieser Ergebnisse läßt sich erkennen, daß bereits diese vereinfachten Modelle auf zusätzliche Wärmezufuhren sehr komplex reagieren. Bei einem Anstieg der Mitteltemperatur gibt es Gebiete relativ starker Erwärmung, auch Gebiete mit Abkühlung gegenüber der Gegenwart. Entsprechend verhält sich die Niederschlagsverteilung (s. z. B. KELLOGG, 1978).

Einen wichtigen Faktor bildet die Veränderung der Eisbedeckung. Eine Erwärmung wirkt sich am stärksten in der Polarregion aus (s. Abb. 4). Die gesamte Kryosphäre wirkt in sehr vielseitiger und gewichtiger Weise; wesentliche Aspekte dieses Wirkungskomplexes sind von UNTERSTEINER (1975) zusammengestellt worden. Besonders beachtenswert sind die prozeßverstärkenden Wirkungen, die mit dem Rückgang der Polareisgrenze durch Verringerung der Oberflächenalbedo einsetzen müßten (s. auch BUDYKO, 1974) und die möglicherweise einen irreversiblen Prozeß einleiten würden. Für die Festlandseisschilde ist noch unklar, ob sie bei begrenzter Erwärmung zumindest anfangs abschmelzen oder akkumulieren.

Modelle zur quantitativen Abschätzung der Ursache-Wirkungs-Beziehungen von Klimaänderungen gehen vorwiegend von der Veränderung folgender drei Klimafaktoren aus: Solarkonstante, planetare Albedo und effektive Ausstrahlung der Erdoberfläche. Nach vorliegenden Abschätzungen (z. B. BUDYKO, 1977a, b, 1974, BRYSON, 1971) entspricht einer Änderung der Solarkonstanten $\Delta S/S_0 = \pm 0{,}01$ eine Änderung der Mitteltemperatur der Erdoberfläche um $\pm 0{,}6$ K. Eine Veränderung der planetaren Albedo um 1% führt zu einer entsprechenden Mitteltemperaturänderung um 1,7 K, und Veränderung der effektiven Ausstrahlung um 1% ergibt 1,2 K Temperatur-

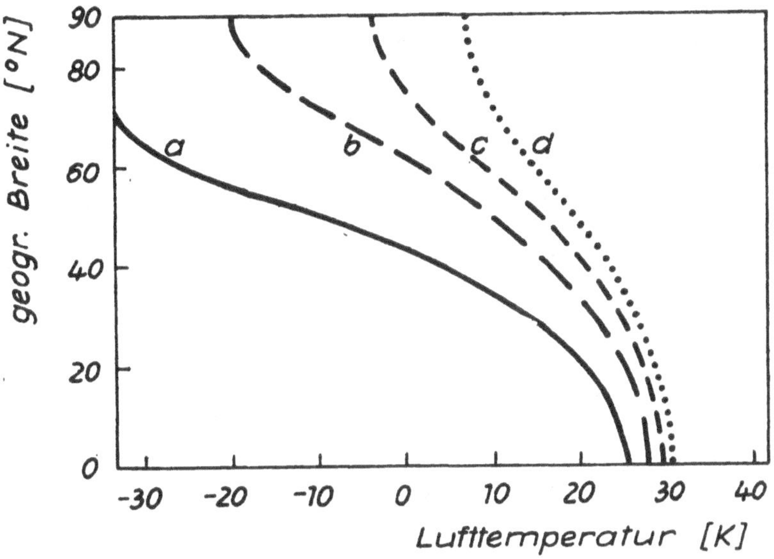

Abb. 4. Meridionaler Verlauf der mittleren Lufttemperatur an der Erdoberfläche unter Bedingungen einer Eiszeit (a), der Gegenwart (b), einer warmen Zwischeneiszeit (c) und einer Warmzeit (d) (nach FAIRBRIDGE, s. bei NAIRN, 1964)

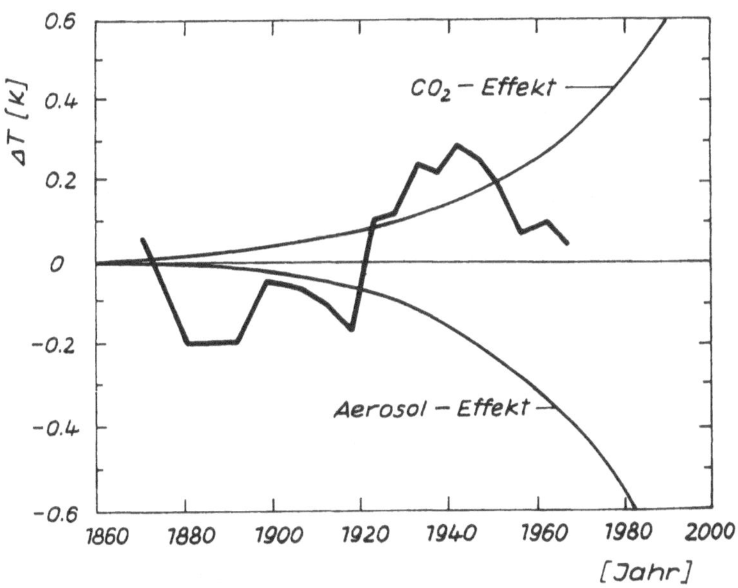

Abb. 5. Die beobachteten Schwankungen der Mitteltemperatur der Nordhalbkugel seit dem Jahre 1860 und berechnete Temperaturänderungen unter (alleiniger) Wirkung des zunehmenden atmosphärischen CO_2-Gehaltes und des Partikelgehaltes (nach MITCHELL, 1975)

änderung. Der Temperaturanstieg des Zeitabschnittes zwischen den Jahren 1880 und 1940 (s. Abb. 5) könnte also ausgehen von Änderungen eines oder mehrerer der genannten Klimafaktoren um einige Zehntel Prozent. Keiner dieser Faktoren kann aber mit dieser Genauigkeit bestimmt werden. Der tatsächliche mittlere Temperaturverlauf des außertropischen Teiles der Nordhalbkugel liegt zwischen den thermischen Zustandsänderungen, die als Wirkung des CO_2-Anstiegs und des Anstiegs der Partikelimmission abgeschätzt worden sind. Bis zum Jahre 1940 folgt der Temperaturverlauf gut dem ansteigenden Trend, der aus dem CO_2-Zuwachs zu erwarten ist. Er geht aber später trotz Fortsetzung der CO_2-Zunahme in einen inversen Verlauf über. Hierfür wird vor

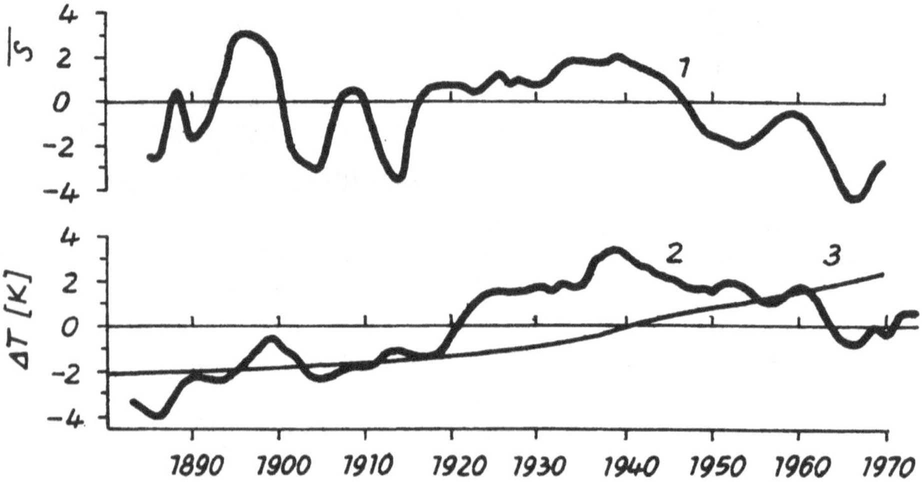

Abb. 6. Die beobachteten Schwankungen der Mitteltemperatur der Nordhalbkugel (*2*), die mittleren, an mehreren über die Nordhalbkugel verteilten Stationen gemessenen Schwankungen der Intensität der direkten Sonnenstrahlung (*1*) und die theoretisch aus dem atmosphärischen CO_2-Anstieg zu erwartenden Mitteltemperaturänderungen (*3*) (nach BUDYKO, 1977)

allem zunehmende stratosphärische Partikelimmission verantwortlich gemacht, die von verstärkter vulkanischer Aktivität ausgeht. Ein enger Zusammenhang zwischen Perioden erhöhter vulkanischer Aktivität und nachfolgender negativer Temperaturanomalie kann für zurückliegende Temperaturschwankungen gezeigt werden (OLIVER 1976, VOGL, 1975, POLLACK, TOON und SAGAN, 1975). Der Verlauf der mittleren Intensität der direkten Sonnenstrahlung mehrerer über die Nordhalbkugel verteilter Stationen kann als Indikator des stratosphärischen Partikelgehaltes gelten (s. Abb. 6, nach BUDYKO 1975).

Der Stand der Kenntnis des komplizierten Systems von Wechselwirkungen, das der Bildung des Klimas und seiner Veränderungen zugrunde liegt, ist noch zu unvollständig, um gesicherte Aussagen über Konsequenzen anthropogener Luftverunreinigungen auf das Klima zuzulassen. Die Ergebnisse der Modellrechnungen sind stets mit Rücksicht auf Inhalt und Bedingungen dieser Modelle zu beurteilen. Offene Fragen des anthropogen beeinflußten Stoffaustausches zwischen den Geosphären, Quellen, Senken und Stoffumwandlungen, erschweren die Entwicklung hinreichend vollständiger und aussagesicherer Modelle erheblich. Die Vorhersage des Trends regionaler und globaler Klimaveränderungen bleibt eine ebenso schwierige wie wichtige Aufgabe zur Erhaltung und Gestaltung der geophysikalischen Umweltbedingungen.

Literatur

ATWATER, M. A., Thermal changes induced by urbanisation and pollutants. J. Appl. Meteor. **14** (1975) 1061–1071.

BRASLAU, N.; DAVE, J. V., Effect of aerosols on the transfer of solar energy through realistic model atmospheres. J. Appl. Meteor. **12** (1973) 601–615 und 616–619.

BREUER, G., Wie wird die Zusammensetzung der Atmosphäre reguliert? Naturwiss. Rdsch. **30** (1977) 370–372.

BRYSON, R. A.: "All other factors being constant..." – theories of global climatic change. In: DETWYLER, L. R. (Hrsg.): Man's impact on environment. New York: Mc Graw-Hill Book Comp. 1971.

BUDYKO, M. I., Izmenenija klimata. Gidrometeoizdat, Leningrad 1974.

BUDYKO, M. I., Zavizimost' srednei temperatury vozducha ot izmenenii solnečnoi radiacii. Meteor. Gidrol. **10** (1975) 3–10.

BUDYKO, M. I., On present-day climatic changes. Tellus **29** (1977) 193–204.

BUDYKO, M. I., Issledovanija sovremennych izmenenii klimata. Meteor. Gidrol. **11** (1977) 42–57.

DAVE, J. V.; HALPERN, P., Effect of changes in ozone amount on the ultraviolet radiation received at sea level of a model atmosphere. Atm. Environment **10** (1976) 547–555.

ESCHELBACH, G., Computations of the influence of aerosols on the atmospheric radiation balance in the visible spectrum. Beitr. Phys. Atm. **46** (1973) 249–261.

FISCHER, K., Bestimmung der Absorption von sichtbarer Strahlung durch Aerosolpartikeln. Beitr. Phys. Atm. **43** (1970) 244–254.

FLOHN, H., Ein geophysikalisches Eiszeitmodell. Eiszeitalter u. Gegenwart **20** (1969) 204–231.

HÄNSEL, CHR., Klimaänderungen – Erscheinungsformen und Ursachen. BSB B. G. Teubner Verl.-Ges., Leipzig 1975.

JUNGE, CHR., Chlorfluormethane und die atmosphärische Ozonschicht. Umwelt **6** (1975) 48–49.

LEITH, C. E., The design of a statistical-dynamical climate model and statistical constraints on the predictability of climate. In: WMO/ICSU: The physical basis of climate and climate modelling. GARP Publ. Ser. **16** (1975) 137–141.

LEITH, C. E., Predictability of climate. Nature **276** (1978) 352–355.

LORENZ, E. N., Climate predictability. In: WMO/ICSU: The physical basis of climate and climate modelling. GARP Publ. Ser. **16** (1975) 132–136.

GRAMS, G. W. et al., Measurements of the light-scattering properties of the Saharan dust layer. Proc. Sympos. Rad. Atm. Garmisch-Partenkirchen, 19.–28. Aug. 1976, Science Press (1977) 79–81.

HASSELMANN, K.; HERTERICH, K., Klima und Klimavorhersage. Ann. Meteor. (Neue Folge) **12** (1977) 42–46.

HERMAN, B. M.; BROWNING, S. R., Effects of aerosols on the Earth-atmosphere albedo. J. Atm. Sci. **32** (1975) 1430–1445.

KEELING, CH. D., Industrial production of carbon dioxide from fossil fuels and limestone. Tellus **25** (1973) 174–198.

KELLOG, W. W., Effects of human activities on global climate (Part I and II). WMO Bulletin **26** (1977) 229–240 und **27** (1978) 3–10.

KONDRAT'EV, K. JA.; VASIL'EV, O. B., Die Bedeutung des Aerosols für den Strahlungshaushalt und sein möglicher Einfluß auf das Klima. Z. Meteor. **25** (1975) 129–142.

LIOU, K.-N.; SASAMORI, T., On the transfer of solar radiation in aerosol atmospheres. J. Atm. Sci. **32** (1975) 2166–2177.

LIOU, K.-N.; FREEMAN, K. P.; SASAMORI, T., Cloud and aerosol effects on the solar heating rate of the atmosphere. Tellus **30** (1978) 62–70.

MANABE, S., The dependence of atmospheric temperature on the concentration of carbon dioxide. In: SINGER, S. F. (Hrsg.): The changing global environment. D. Reidel Publ. Comp., Dordrecht 1975.

MANABE, S.; WETHERALD, R. T., Thermal equilibrium of the atmosphere with a given distribution of relative humidity. J. Atm. Sci. **24** (1967) 241–259.

MANABE, S.; WETHERALD, R. T., The effect of doubling the CO_2-concentration on the climate of a general circulation model. J. Atm. Sci. **32** (1975) 3–15.

MITCHELL, J. M., Jr., The effect of atmospheric aerosols on climate with special reference to temperature near the Earth's surface. J. Appl. Meteor. **10** (1971) 703–714.

MITCHELL, J. M., Jr., A reassessment of atmospheric pollution as a cause of long-term changes of global temperatures. In: SINGER, S. F. (Hrsg.): The changing global environment. D. Reidel Publ. Comp., Dordrecht 1975.

MORIYAMA, S., The radiative effect of atmospheric pollution: latitudinally dependent radiation calculations including cloud contributions. Atm. Environment **12** (1978) 1875–1887.

NAIRN, A. E. M., Problems in palaeoclimatology. Interscience Publ., London 1964.

NEUMANN, J.; COHEN, A., Climatic effects of aerosol layers in relation to solar radiation. J. Appl. Meteor. **11** (1972) 651–657.

OLIVER, R. C.,On the responce of hemispheric mean temperature to stratospheric dust: an empirical approach. J. Appl. Meteor. **15** (1976) 933–950.

POLLACK, J. B.; TOON, O. B.; SAGAN, C., The effect of volcanic activity on climate. In: WMO: Proc. WMO/IAMAP Symp. on long-term clim. fluct. WMO **421** (1975).

PUESCHEL, R. F.; KUHN, P. M., Infrared absorption of tropospheric aerosols: Urban and rural aerosols of Phoenix, Arizona. J. Geophys. Res. **80** (1975) 2960–2962.

RAMANATHAN, V., Greenhouse effect due to chlorofluorocarbons: Climatic implications. Science **190** (1975) 50–51.

RECK, R. A., Atmospheric temperature calculated for ozone depletions. Nature **263** (1976) 116–117.

RECK, R. A.; FRY, D. L., The direct effects of chlorofluormethanes on the atmospheric surface temperature. Atm. Environment **12** (1978) 2501–2503.

SCHWARZBACH, M., Das Klima der Vorzeit. 2. Aufl., F. Enke Verl., Stuttgart 1961.

SEIDL, Umweltbelastung aus natürlichen Quellen — Eine Literaturexpertise. Düsseldorf 1974.

SIEGENTHALER, U.; OESCHGER, H., Predicting future atmospheric carbon dioxide levels. Science **199** (1978) 388–394.

SINGER, S. F. (Hrsg.), Global effects of environmental pollution. D. Reidel Publ. Comp., Dordrecht 1970.

SINGER, S. F. (Hrsg.), The changing global environment. D. Reidel Publ. Comp., Dordrecht 1975.

SPÄNKUCH, D., The variation of the short-wave radiation balance of the earth/atmosphere system with increasing turbidity. Z. Meteor. **28** (1978) 199–207.

THOMAS, M. K., Climatic forecast? — The value of climatic information and prediction. WMO Bulletin 28 (1979) 92–96.

UNTERSTEINER, N., Sea ice and ice sheets and their role in climatic variations. In: GARP Publ. Ser. **16** (1975) 206–224.

VOGT, H.-H., Vulkanismus — Ursache der Eiszeit. Naturwiss. Rdsch. **28** (1975) 449–450.

WANG, W.; DOMOTO, G. A., Radiation effects of aerosols in the Earth's atmosphere. J. Appl. Meteor. **13** (1974) 521–534.

WANG, W. C.; YUNG, Y. L.; LACIS, A. A.; MO, T.; HANSEN, J. E., Greenhouse effects due to man-made perturbation of trace gases. Science **194** (1976) 685–690.

WMO: Climatic change. WMO Techn. Note **79** (1966).

WMO: Geophysical aspects and consequences of changes in the composition of the stratosphere. WMO Bulletin **28** (1979) 29–30.

WMO; ICSU: The physical basis of climate and climate modelling. GARP Publ. Ser. **16** (1975).

YAMAMOTO, G.; TANAKA, M.; Increase of global albedo due to air pollution. J. Atm. Sci. **29** (1972) 1405–1412.

Geophys. u. Geol. Geophys. Veröff. d. KMU Leipzig Bd. II H. 3 S. 107—113 Berlin 1981

Zu den Verhältnissen der physikalischen Struktur des atmosphärischen Aerosols unter Industrieeinfluß

W. v. HOYNINGEN-HUENE[1]

Zusammenfassung: Es werden unterschiedliche Strukturen in der Aerosolkorngrößenverteilung für drei verschiedene Gebiete betrachtet. Die Teilchenverteilungen wurden durch die Lösung der indirekten Aufgabe der atmosphärischen Optik aus spektralen Extinktionsmessungen gewonnen. Die Ergebnisse lassen typische Aerosolverteilungen für Industrie- und Großstadtbereich, industriell beeinflußtes ländliches Gebiet und industriell nicht beeinflußtes Gebiet erkennen, die durch unterschiedliche Ausprägung der einzelnen Mode der Verteilungen charakterisiert sind.

Summary: Different structures of the aerosol size distribution in 3 different regions are presented. The size distributions are determined by solutions of the inverse taste of the atmospheric optics from spectral extinktion measurements. The results show typical aerosoldistributions of an industrial and city-district, and industrial influenced rural district, which are characterized by different magnitudes of the particular modes of the distribution.

1. Einleitung

Neben der kommunalhygienischen Wirkung des atmosphärischen Aerosols in industriellen Ballungsgebieten besitzt es einen unmittelbaren Einfluß auf die Energie- und Strahlungsbilanz des Systems Erdoberfläche—Atmosphäre. Eine direkte Einflußnahme des Aerosols durch Streuungs- und Absorptionsvorgänge erfolgt, indem ein Teil der von der Sonne ankommenden Energie gestreut und damit auch teilweise in den Weltraum zurückgeworfen und ein anderer Teil infolge von Absorptionsvorgängen durch das Aerosol in der Atmosphäre in Wärme umgewandelt wird. Damit ist jedoch nur ein Teil der Wirkung des festen Aerosols auf die Strahlungs- und Wärmebilanz erfaßt. Der andere Teil der Einflußnahme erfolgt über die Eigenschaft des atmosphärischen Aerosols, als Kondensationskern für die Bildung von Wassertröpfchen zu dienen und mit zur Wolkenbildung und über diesen Weg zur Veränderung der Albedo des Systems Erde—Atmosphäre beizutragen. Allein die Gesamtmasse des Aerosols gestattet noch keine Aussagen über den direkten und indirekten Einfluß auf die Verhältnisse der Strahlungs- und Wärmebilanz. Untersuchungen von Wolkentropfenverteilungen von GRASSL (1970) und PUESCHEL (1979) haben gezeigt, daß für beide Formen der Einflußnahme des atmosphärischen Aerosols seine physikalische Struktur von wesentlicher Bedeutung ist, d. h. vor allem seine Korngrößenverteilung, seine optischen Eigenschaften und seine anteilige chemische Zusammensetzung in der Korngrößenverteilung. Daher ist die Untersuchung der physikalischen Struktur des atmosphärischen Aerosols unter

[1] Anschrift des Verfassers:
Dr. rer. nat. W. v. HOYNINGEN-HUENE, Karl-Marx-Universität, Sektion Physik, Wissenschaftsbereich Geophysik, DDR-7010 Leipzig, Talstraße 35.

den Bedingungen des anthropogenen Einflusses ein erforderlicher Schritt zur Betrachtung von Prozessen, die durch die Tätigkeit des Menschen auf das Energie- und Strahlungssystems Erde—Atmosphäre wirken.

Im folgenden sollen an Hand von Teilchenkorngrößenverteilungen, die auf dem Weg über die Lösung der indirekten Aufgabe aus spektralen Extinktionsmessungen in der nachfolgend dargestellten Weise gewonnen wurden, solche erkennbar typischen Strukturen des atmosphärischen Aerosols vorgestellt und diskutiert werden, die charakteristisch für Industrieeinfluß im Großstadtbereich und in ländlicher Umgebung sind. Vergleichsweise werden auch Strukturen angeführt, die keine industrielle Belastung erfahren haben.

2. Bemerkungen zur Methodik der Ermittlung der Teilchenverteilung und zur Darstellung der Ergebnisse

Die Ermittlung der Aerosolkorngrößenverteilung erfolgt durch Lösung der indirekten Aufgabe auf der Grundlage spektraler Extinktionsmessungen im Wellenlängenbereich von 340—1100 nm. Dabei wird aus dem durch Partikel verursachten Extinktionsanteil durch Inversion der den Zusammenhang zwischen Extinktion und Teilchenkorngrößenverteilung beschreibenden Fredholmschen Integralgleichung 1. Art die Verteilung erhalten. Eine Auflösung nach der gesuchten Aerosolkorngrößenverteilung erfolgt mit Hilfe eines Faktorisierungsverfahrens. Das Verfahren selbst ist schon von v. Hoyningen-Huene und Spänkuch (1979) und v. Hoyningen-Huene (1977) ausführlich dargestellt und soll deshalb nicht noch einmal vorgestellt werden. Wie weitere Untersuchungen und der Vergleich mit auf anderem Wege gewonnenen Aerosolkorngrößenverteilungen gezeigt haben, können auf diesem Wege recht gute Schätzungen, d. h. „Rohdaten" $N_0(r)$ gewonnen werden, da der Fehler des Inversionsverfahrens wegen des stark begrenzten verwendbaren Spektralbereichs der Extinktionsmessungen von 340—1100 nm vor allem für kleine (Radius $r < 0{,}16\ \mu m$) und für sehr große ($r > 10\ \mu m$) Aerosolteilchen sehr groß wird. Deutlich wird diese Abweichung durch einen divergenten Verlauf der aus den Teilchenkorngrößenverteilungen $N_0(r)$ des Verfahrens berechneten Teilchenvolumenverteilungen

$$V_0(r) = \frac{4}{3}\,\pi r^3 N_0(r)$$

und Oberflächenverteilung

$$O_0(r) = \pi r^2 N_0(r)$$

bei Teilchenradien größer als 10 µm. Jedoch gestattet die Betrachtung schon des Radienbereichs von 0,16—10 µm, in welchem der relative Inversionsfehler bei etwa 30% liegt, deutlich die in diesem Bereich anzutreffende Bimodalstruktur der Aerosolverteilung (in der Oberflächenverteilung und Volumenverteilung) zu erkennen. Entsprechend den Entstehungsbedingungen des atmosphärischen Aerosols kann, wie von Foitzik, Spänkuch und Hebermehl (1966, 1968), Foitzik und Spänkuch (1969), Spänkuch (1974) erwähnt, für die einzelnen Modes der Aerosolverteilung ein Verteilungsmodell einer logarithmischen Normalverteilung angenommen werden, da sich sowohl bei Koagulations- als auch bei Zerkleinerungsprozessen nach dem Gesetz der proportionalen Effekte logarithmische Normalverteilungen ergeben. Diese Vorstellungen

Tabelle 1. Flußschema

Bestimmung der spektralen Extinktion $\tau(\lambda)$ aus zwei vertikal um h versetzten spektralen Intensitätsmessungen der direkten Sonnenstrahlung $I_1(\lambda)$ und $I_2(\lambda)$ (γ —Zenitdistanz der Sonne, λ — Wellenlänge)	$\tau(\lambda) = \frac{\ln I_1(\lambda) - \ln I_2(\lambda)}{h} \cos \gamma$
↓	
Ermittlung des Anteils der durch Partikeln verursachten Extinktion $\tau_P(\lambda)$ durch Elimination des Anteils der Rayleighstreuung $\tau_R(\lambda)$ und der Wasserdampfabsorption $\tau_{H_2O}(\lambda)$ für Messungen in der atmosphärischen Bodenschicht. (Bei Verwendung der extraterrestrischen Einstrahlung der Sonne als $I_1(\lambda)$ ist die Ozonabsorption $\tau_{O_3}(\lambda)$ zu berücksichtigen.)	$\tau_P(\lambda) = \tau(\lambda) - \tau_R(\lambda) - \tau_{H_2O}(\lambda)$
↓	
Inversion der FREDHOLMschen Integralgleichung 1. Art, die den Zusammenhang zwischen Teilchenkorngrößenverteilung $N(r)$ $(N_0(r))$ und der Teilchenextinktion $\tau_P(\lambda)$ beschreibt. (Hierbei stellt $K(\lambda, r, m(\lambda))$ den spektralen Verlauf der individuellen Streuquerschnitte der Teilchen nach der MIE-Theorie dar (r — Radius, $m(\lambda)$ — Brechungsindex) für $m(\lambda)$ wurde in erster Näherung ein Wert von 1,5 — 0i angenommen, der vielfach in der atmosphärischen Optik verwendet wird.)	$\tau_P(\lambda) = \int_{r_u}^{r_0} \pi r^2 K(\lambda, r, m(\lambda)) \cdot N(r)\, dr$ ↓ Inversion ↓ $N_0(r) \approx N(r)$
↓	
Berechnung der Oberflächenverteilung $O_0(r)$ und der Volumenverteilung $V_0(r)$ aus den Rohdaten von $N_0(r)$ aus dem Inversionsverfahren	$O_0(r) = \pi r^2 N_0(r)$ $V_0(r) = \frac{4}{3} \pi r^3 N_0(r)$
↓	
Anpassung einer bimodalen logarithmischen Normalverteilung an die Verteilungen $O_0(r)$ und $V_0(r)$. Die Parameter A_{AC}, σ_{AC}, $\bar{r}_{AC}$ und A_C, σ_C, $\bar{r}_{AC}$ (die Indices AC und C stehen für Akkumulationsmode und Coarse particle mode) sind nach der Methode der kleinsten Quadrate aus den Rohdaten über die Oberflächen- und Volumenverteilung im Teilchenradienbereich von 1,16 bis 10 μm zu schätzen	$N(r) = \frac{A_{AC}}{\sqrt{2\pi}\sigma_{AC}} \exp\left[-\frac{\left(\ln \frac{r}{\bar{r}_{AC}}\right)^2}{2\sigma_{AC}^2}\right] + \frac{A_C}{\sqrt{2\pi}\sigma_C} \exp\left[-\frac{\left(\ln \frac{r}{\bar{r}_C}\right)^2}{2\sigma_C^2}\right]$ $\Sigma(O(r) - O_0(r))^2 \to \text{Min}$ $\Sigma(V(r) - V_0(r))^2 \to \text{Min}$

sind auch hier zur Bearbeitung der durch das Inversionsverfahren gewonnenen Schätzungen für die Aerosolkorngrößenverteilung verwendet worden, da auch schon die Schätzungen in den einzelnen Modes im Bereich geringeren relativen Fehlers die Struktur von logarithmischen Normalverteilungen erkennen lassen. Durch Verwendung dieser Vorstellungen konnten die beiden in den durch das Inversionsverfahren erhaltenen Verteilungen erkennbaren Modes, Akkumulationsmode (accumulation mode), d. h. der Anteil der feinen Partikeln, und Grobpartikelmode (coarse particle mode), durch Anpassen einer logarithmischen Normalverteilung nach der Methode der kleinsten Quadrate auch in ihre stark fehlerbehafteten Randbereiche hin ergänzt werden. Diese Bearbeitung ist durchaus legitim und wird selbst bei direkt mit optischen Zählern oder Impaktoren gewonnenem Primärmaterial für die Teilchenverteilung angewendet (siehe Whitby 1978). Das Flußschema S. (109) soll noch einmal kurz alle Schritte bei der Erfassung und Bearbeitung des Datenmaterials, ausgehend von der Messung der spektralen Extinktion des Lichts, veranschaulichen.

Danach geben die Verteilungen $O(r)$ und $V(r)$ und auch die daraus zurückgerechnete Teilchenkorngrößenverteilung $N(r)$ verwendbare Informationen über die optisch wirksame Aerosolstruktur in einem Teilchenradienbereich von 0,05 bis ca. 100 μm. Diese Daten sind im folgenden in eine Betrachtung der verschiedenen Verhältnisse der Aerosolstruktur einbezogen worden.

3. Ergebnisse zu Strukturen des kontinentalen atmosphärischen Aerosols

Um hier einen Einblick in die Verhältnisse der Aerosolstruktur (kontinentaler Art) unter Industrieeinfluß zu gewinnen, sind derartige spektrale Extinktionsuntersuchungen für drei verschiedene Gebiete vorgenommen worden:

- Industriegebiet und Großstadt. — Dazu wurden Messungen im Stadtzentrum von Leipzig durchgeführt.
- Ländliche Gegend in der weiteren Umgebung der Stadt. — Hier erfolgten Untersuchungen am etwa 50 km von Leipzig entfernt gelegenen Observatorium Collm.
- Industriell völlig unbeeinflußtes Gebiet. — Dafür standen uns Messungen, die während des CAENEX-70-Experiments in der Wüste Kara-Kum gewonnen wurden zur Verfügung.

Wenn auch letztgenanntes Gebiet zu den vorstehend aufgeführten recht unterschiedliche geographische und klimatologische Verhältnisse aufweist und auch der Absolutwert der Aerosolbelastung recht unterschiedlich ist, so zeigt sich hier eine Struktur, wie sie sich aus natürlichen Entstehungsbedingungen für kontinentales Aerosol ergibt. Deutlich wird in allen drei Gebieten (auch in den Schätzungen) der für den Bereich der optischen Wirksamkeit der Teilchen typische Bimodalcharakter, jedoch sind die Modes je nach Gebiet unterschiedlich ausgeprägt. Die Darstellung der Struktur erfolgt hier durch die Volumenverteilung, da sie visuell am besten die Verhältnisse und Unterschiede verdeutlicht und sie bei Kenntnis der Aerosoldichte direkt zu korngrößenabhängigen Aerosolbelastungsangaben in den meist im Lufthygienebereich verwendeten Masseangaben pro Volumeneinheit Luft umgerechnet werden können.

Die Aerosolvolumenverteilungen, die in Leipzig gewonnen wurden (Abb. 1), zeigen alle eine relative hohe Konzentration von Teilchen in der sogenannten Akkumulations-

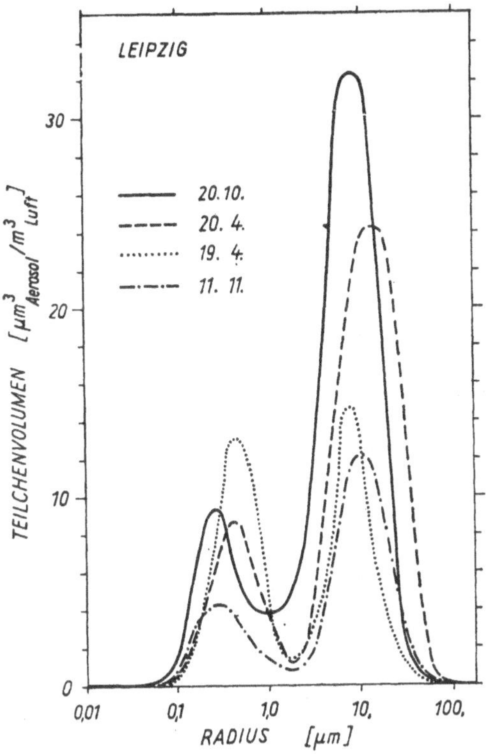

Abb. 1

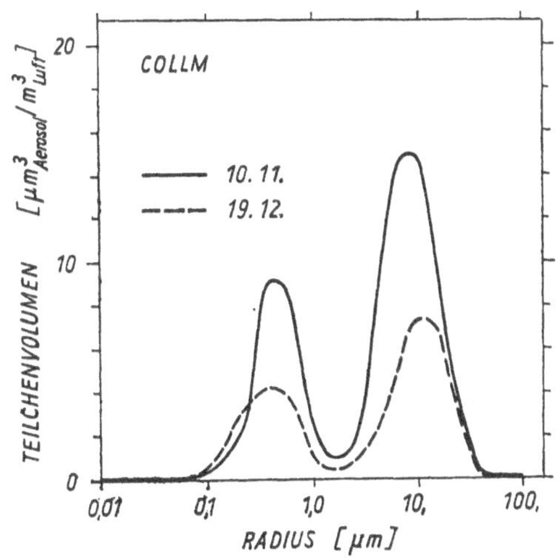

Abb. 2

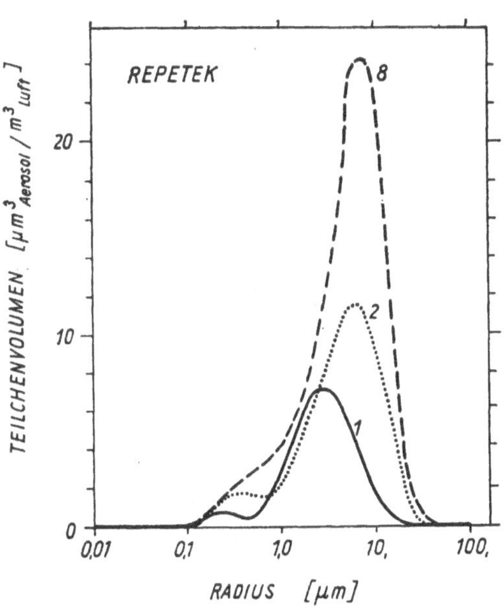

Abb. 3

Abb. 1. Aerosol — Volumenverteilungen in Abhängigkeit vom Partikelradius für eine Großstadt und Industriegebiet (Leipzig)

Abb. 2. Aerosol — Volumenverteilungen in Abhängigkeit vom Partikelradius für ein industriell beeinflußtes ländliches Gebiet (Observatorium Collm)

Abb. 3. Aerosol — Volumenverteilungen in Abhängigkeit vom Partikelradius in der Wüste Kara-Kum (ohne Industrieeinfluß)

mode (optisch wirksame Teilchen mit $r < 1$ μm). Zum Beispiel ergeben die hier dargestellten Fälle Gesamtmassen in der Akkumulationsmode bei einer angenommenen Dichte des Aerosols von 2 g/cm³ Werte von 32 μg/m³ (11. 11. 1977), 79 μg/m³ (19. 4. 1978), 67 μg/m³ (20. 4. 1978) und 64 μg/m³ (20. 10. 1978). Gleichfalls sehr hohe Konzentrationen sind hier in der Grobpartikelmode zu finden. Hier liegen die Werte bei 84 μg/m³ (11. 11. 1977), 93 μg/m³ (19. 4.), 203 μg/m³ (20. 4.) und 243 μg/m³ (20. 10.).

Die Grobpartikelmode enthält in der Hauptsache grobe Teilchen von Flugasche und erodiertem Bodenstaub sowie von mineralischen Bodenteilchen. Die Akkumulationsmode enthält im wesentlichen Sekundärbildungen von Aerosolen, die zum größten Teil erst in der Atmosphäre durch photochemische Reaktionen entstehen, wie z. B. Umwandlungsprodukte aus SO_2 und anderen gasförmigen Beimengungen. Hinzu kommt noch ein Anteil feiner Fraktionen von Flugasche, der oft als Katalysator für die Umwandlungsprozesse von gasförmigen Beimengungen in Teilchen wirkt. Charlson, Vanderpol u. a. (1976) geben an, daß ca. 40—50% dieser Mode durch Sulfate gebildet werden können. Der konkrete Sulfatanteil am Leipziger Aerosol in dieser Mode muß allerdings noch ermittelt werden, dürfte aber, da alle Bildungsvoraussetzungen dafür erfüllt sind, in dieser Größenordnung liegen.

Die Verteilungen, die in einer ländlichen Gegend in der ferneren Umgebung von Leipzig gewonnen wurden (Observatorium Collm) (Abb. 2) zeigen in der Akkumulationsmode fast die gleiche Konzentration, wie die in der Großstadt und unter direktem Industrieeinfluß gewonnenen Ergebnisse. Diese Mode zeichnet sich allgemein im weiteren Leipziger Raum als sehr beständig aus, da die gasförmigen Bestandteile, die z. B. bei SO_2 mit Umwandlungsraten für die Bildung von Sulfaten mit 1—2% pro Stunde abgebaut werden, und die anderen sehr feinen festen Teilchen sich über sehr große Distanzen verteilen können und ständig vor allem durch Kohleverbrennungsprozesse und den Verkehr nachgeliefert werden.

Die Grobpartikelmode zeigt relativ zu Leipzig niedrigere Konzentrationen, da die Vernichtungsprozesse auf die größere Fraktion des Aerosols rascher wirken und die im allgemeinen nicht über größere Distanzen transportiert werden, sondern rascher ausfallen. Die Mengenverhältnisse für die Messungen am Observatorium Collm ergeben sich für die Akkumulationsmode 51 μg/m³ (10. 11. 1978) und 31 μg/m³ (19. 12. 1978) bzw. für die Grobpartikelmode 102 μg/m³ und 53 μg/m³.

Die Ergebnisse, die in der Wüste Kara-Kum in Repetek gewonnen wurden (Abb. 3), zeigen nur eine sehr schwach angedeutete Akkumulationsmode, da im wesentlichen die gasförmigen Immissionen, die zur Ausprägung dieser Mode führen, fehlen. Der dominierende Bestandteil im atmosphärischen Aerosol ist hier in der Grobpartikelmode zu finden. Die ariden Verhältnisse im Meßgebiet gestatten eine leichte Erosion von Bodenteilchen, die vom Wind als Aerosol transportiert werden.

Aus diesen dargestellten Ergebnissen für die drei Untersuchungsgebiete ist zu erkennen, daß für eine anthropogen beeinflußte Aerosolverteilung der Bimodalcharakter im betrachteten Korngrößenbereich typisch ist. Nach Untersuchungen von Whitby (1978), Joshi und Kelkar (1977) u. a. existiert noch im Bereich kleinerer Teilchen ($r < 0{,}05$ μm) eine dritte Mode, die sogenannte Nuclei-Mode, die aus Aitkenteilchen gebildet wird, die aber mit dem hier angewendeten optisch spektroskopischen Verfahren nicht zu erfassen ist, da diese Teilchenfraktion keine nachweisbare optische Wirksamkeit besitzt und demzufolge auch keinen direkten Einfluß auf die Energie- und Strahlungsumsetzung in der Atmosphäre ausübt. Untersuchungen von Pueschel (1979) über

Beziehungen zwischen Aerosolkorngrößenverteilungen und den Verteilungen der Tröpfchengröße in Wolken zeigen, daß gerade der feine Anteil von Aerosolteilchen in der Akkumulationsmode zur Ausbildung von einer Vielzahl von kleinen Tröpfchen führt, so daß Wolken in industriell beeinflußten Gebieten ein weitaus breiteres und vor allem durch eine relativ hohe Anzahl sehr kleiner Tröpfchen charakterisiertes Tropfengrößenspektrum aufweisen als Wolken in Gegenden, die nur eine schwach ausgeprägte Akkumulationsmode aufweisen (z. B. Meeresgebiete oder auch industriell nicht beeinflußte Gebiete wie hier die Wüste Kara-Kum). Diese Tatsache hat zwar keine nachweisbare Auswirkung auf eine Erhöhung der Niederschläge, allerdings aber auf eine Ausbildung einer dichteren Wolkendecke mit Konsequenzen für den Energie- und Strahlungshaushalt der Erde, die durch weitergehende gezielte Untersuchungen in ihrer Größenordnung festgestellt werden müssen.

Danksagung

In diesem Zusammenhang möchte ich Herrn Dr. R. F. Pueschel vom Atmospheric Physics and Chemistry Laboratory der NOAA in Boulder, USA, für die Diskussion dieser Ergebnisse und den Kollegen Dr. O. B. Vasil'ev und A. Contreras des NIFI-Fizika Atmosfery der Leningrader Zdanov-Universität für die zur Verfügung gestellten Extinktionsspektren vom CAENEX-70-Experiment recht herzlich danken.

Literatur

Barrett, E. W., Parungo, F. P., Pueschel, R. F., Cloud modification by urban pollution: A physical demonstration. Meteorolog. Rundschau **32** (1979) H. 5, S. 136–149.

Charlson, R. J.; Vanderpol, A. H.; Waggoner, A. P.; Covert, D. S.; Baker, M. B., The dominance of tropospheric Sulfate in modifying solar radiation. Proc. of the Symp. on Radiation in the Atmosphere. Garmisch-Partenkirchen August 1976, S. 32–36.

Foitzik, L.; Spänkuch, D.; Hebermehl, G., Kollektive Streuquerschnitte und kollektive spektrale Extinktion der Mie-Streuung bei logarithmischen Gauss-Verteilungen. Gerlands Beiträge Geophysik **75** (1966) S. 447–464.

Foitzik, L.; Spänkuch, D.; Hebermehl, G., Kollektive Streufunktion und kollektive Polarisationsfunktion der Mie-Streuung bei logarithmischen Gauss-Verteilungen. Gerlands Beiträge Geophysik **77** (1968) S. 265–285.

Foitzik, L.; Spänkuch, D., Logarithmische Gaußverteilungen beim atmosphärischen Aerosol, Extinktion und Streuvorgänge. Z. f. Meteorologie **21** (1969) S. 136–145.

Grassl, H., Bestimmung der Größenverteilung von Wolkenelementen aus spektralen Transmissionsmessungen. Beitrag zur Physik der Atmosphäre **43** (1970) H. 4, S. 255–284.

v. Hoyningen-Huene, W., Kopredeleniju raspredelenija aerozol'nych častic po razmeram iz spektral'nych izmerenii oslablenija sveta v oblasti dlin voln ot 340 do 11000 nm. FIZIKA Atmosfery i Okeana **14** (1979) H. 12.

v. Hoyningen-Huene, W.; Spänkuch, D., Zur Bestimmung von Aerosolkorngrößenverteilungen aus spektralen Extinktionsmessungen im Bereich von 340–1100 nm Wellenlänge. Z. f. Meteorologie **29** (1979) H. 3, S. 146–156.

Joshi, P. V.; Kelkar, D. N., A note on the size distribution of aerosols in urban atmospheres. Atmospheric Environment **11** (1977) H. 6, S. 531–534.

Whitby, K. T., The physical characteristics of sulfur aerosols. Atmospheric Environment **12** (1978) H. 2, S. 135–159.

Geophys. u. Geol. Geophys. Veröff. d. KMU Leipzig Bd. II H. 3 S. 115 Berlin 1981

Thesen zur Diplomarbeit

Untersuchung der Abweichungen von Erdbebenmagnituden zwischen den Werten seismologischer Datenzentren und Einzelstationen

(Herdgebiet Kurilen-Inseln/Registrierstation Collm bei Oschatz, DDR)

vorgelegt von E. Basmer

1. Bei der ständigen Seismogrammauswertung an der Station Collm werden für Beben im Gebiet der Kurilen Abweichungen der Magnitude vom internationalen Mittelwert festgestellt.
2. Das umfangreiche Datenmaterial ermöglicht eine statistische Auswertung. Diese zeigt, daß an der Station Collm für Beben im Gebiet der Kurilen die Magnituden um durchschnittlich 0,29 Magnitudeneinheiten zu hoch berechnet werden, das heißt, die Amplituden werden um den Faktor 2 zu groß registriert.
3. Die Herde der oberflächennahen Kurilen-Beben liegen nahezu auf einer Linie gleicher Entfernung bezüglich Collm, so daß die geringen Entfernungsdifferenzen hier vernachlässigt werden können. Die Darstellung über dem Stationsazimut zeigt demgegenüber, daß Collm die maximale Abweichung vom Absolutwert der Magnitude mit 0,37 Einheiten in der Mitte des Kurilengebietes bei 26,9° Stationsazimut aufweist.
4. Die Nachbarstationen Moxa und Berggießhübel haben diesen Effekt nicht zu verzeichnen.
5. Die Magnitudenüberhöhung tritt ebenfalls nicht bei seismischen Ereignissen in den Gebieten Nowaja Semlja und Fidschi-Inseln auf, deren Wellen andere Tiefenbereiche durchlaufen als die von Kurilen-Beben stammenden. Nowaja Semlja und die Fidschi-Inseln liegen im selben Stationsazimutbereich bezüglich Collm wie die Kurilen-Inseln.
6. Ein Einfluß der Periode der untersuchten Longitudinalwellen und der absoluten Magnitude auf die Abweichungen des Stationswertes Collm ist nicht feststellbar.
   Die Häufigkeit der auftretenden Magnitudendifferenzen ist normal verteilt mit einer genügenden Streubreite.
7. Nach der Betrachtung möglicher Ursachen des Effekts ist die Erklärung durch einen Störkörper am meisten plausibel. Der Störkörper hat die Eigenschaft, Wellen schwach zu dämpfen oder sogar zu verstärken, so daß die Amplituden der Raumwellen zu groß registriert werden.
8. Durch die Beschränkung des Effekts auf die Station Collm und das Herdgebiet Kurilen ist eine Lageabschätzung der Störregion möglich. Diese zeigt, daß der Störkörper im oberen Erdmantel zu suchen ist und sich von Nordwestpolen bis in den südöstlichen Teil der DDR erstrecken kann.

Geophys. u. Geol. Geophys. Veröff. d. KMU Leipzig Bd. II H. 3 S. 117 Berlin 1981

Thesen zur Diplomarbeit

Ein Beitrag zur Tiefenerkundung im Nordteil der DDR durch Auswertung seismischer Registrierungen

vorgelegt von B. Haacke

1. Aus tiefenseismischen Registrierungen lagen Seismogramme vor. Diese wurden bezüglich der Zeitachse normiert und davon für Schuß und Rückschuß auf dem Profil A Seismogramm-Montagen angefertigt.
2. Aus den Seismogramm-Montagen wurden Laufzeitkurven ermittelt und aus diesen Laufzeitkurven über die Näherungsverfahren nach Giese, Pavlenkova und Kondrat'ev, für die Rechenprogramme aufgestellt worden sind, Geschwindigkeits-Tiefen-Abhängigkeiten berechnet.
3. Ein Test ergab, daß diese Näherungsverfahren keine befriedigenden Ergebnisse erbrachten.
4. Es wurden Geschwindigkeits-Tiefen-Modelle aufgestellt und über die direkte seismische Aufgabe mit dem Programm DISA die Laufzeitkurven dazu errechnet.
5. Durch Variieren dieser Geschwindigkeits-Tiefen-Modelle und Vergleichen der daraus berechneten Laufzeitkurven mit den Ausgangslaufzeitkurven aus den Seismogramm-Montagen wurden mögliche Geschwindigkeits-Tiefen-Abhängigkeiten für Schuß und Rückschuß ermittelt.
6. Es konnte in den ermittelten Geschwindigkeits-Tiefen-Abhängigkeiten die Tiefenlage der Mohorovičić-Diskontinuität fixiert werden, und es wurde der Versuch unternommen, die gefundenen Inversionszonen geologischen bzw. tektonischen Störungen zuzuordnen.
7. Aus den ermittelten Geschwindigkeits-Tiefen-Abhängigkeiten und zusätzlichen geologischen und geophysikalischen Informationen auf dem Profil A wurde der Versuch unternommen, einen Geschwindigkeits-Tiefen-Schnitt aufzustellen.

Geophys. u. Geol. Geophys. Veröff. d. KMU Leipzig Bd. II H. 3 S. 119 Berlin 1981

Thesen zur Diplomarbeit

Herstellung eines Versuchsaufbaues zur Demonstration verschiedener Möglichkeiten der seismischen Erkundung

vorgelegt von L. Lamprecht

In der Arbeit wurde die Ausbreitung elastischer Wellen in der Erdkruste in modellhafter Darstellung nachvollzogen, d. h., die Untersuchung der Erdkruste mit Hilfe der Seismik wurde simuliert. Im Ergebnis liegen sowohl die Versuchsanordnung als auch die daran durchgeführten Messungen mit den Auswertungen vor.

Es ist eine Versuchsanordnung zur Demonstration einiger seismischer Vermessungsmethoden der Erdkruste aufgebaut worden. Als seismisches Signal dient der Ultraschall.

Für die Meßzwecke stehen ein Ultraschallgenerator, ein Meßverstärker, ein Zweistrahloszillograph und eine digitale Meßanzeige sowie zwei Ultraschallschwinger zur Verfügung.

Die zu vermessenden Modelle werden aus Aluminiumplatten hergestellt und zur Vermessung in einen Wasserbehälter versenkt.

Die Versuche sind so konzipiert, daß sie als geophysikalisches Praktikum für Studenten genutzt werden können. Sie sollen den Vorlesungsstoff veranschaulichen.

Die Modelle wurden in Streichrichtung vermessen. Bei einigen Modellen wurde der Sender fest installiert und der Empfänger über die Meßstrecke gefahren und dabei die Laufzeit bestimmt. Bei anderen wurde der Schwingerabstand konstant gehalten und ebenfalls die Laufzeit der verschiedenen Stellungen dieser Konfiguration bestimmt.

Die gemessenen Laufzeitkurven wurden aufgetragen, berechnet und anschließend verglichen. Außerdem wurden aus den Laufzeitkurven mit Hilfe verschiedener Methoden (Tangentenmethode, Spiegelpunktmethode) die Reflexionsgrenzen konstruiert. Die geometrisch komplizierteren Modelle, wie Mulde und Sattel, wurden mit Hilfe der EDV berechnet.

Ein Vergleich der gemessenen und berechneten Kurven bzw. der Vergleich der konstruierten und wirklichen Modelle läßt Aussagen über die Genauigkeit des Meßverfahrens zu.

Durch die Einbeziehung der EDV ist es möglich, Genauigkeitsforderungen an die Meßanordnung, an die Herstellung der Modelle und Auswertungsmethoden zu stellen. In folgenden Arbeiten wäre es günstig, noch enger mit der EDV zusammenzuarbeiten, um die effektivste Variante einer modellhaften Nachgestaltung der Untersuchung der Erdkruste durch die Seismik zu erarbeiten.

Geophys. u. Geol. Geophys. Veröff. d. KMU Leipzig Bd. II H. 3 S. 121–122 Berlin 1981

Thesen zur Diplomarbeit

Ultraschallseismische Laboruntersuchungen an dreidimensionalen Modellen geologischer Strukturen

vorgelegt von W. GOLDMANN

Im Rahmen dieser Arbeit wurden Meßverfahren der angewandten Seismik zur Erkundung der Erdkrustenbeschaffenheit nachgestaltet. Dies geschah in Form von reflexionsseismischen Laboruntersuchungen an dreidimensionalen Modellen geologischer Strukturen.

Bei der verwendeten Versuchsanordnung dient der Ultraschall als seismisches Signal.

Zur Versuchsanordnung gehören ein Ultraschallgenerator, ein Meßverstärker, ein Zweistrahloszillograph, eine digitale Meßanzeige und zwei Ultraschallschwinger, die über einem Wasserbehälter bzw. am auf dem Wasserbehälter befindlichen Schlitten mit Kurbeltrieb angebracht werden können.

Die zu vermessenden Modelle werden aus Gips hergestellt und zur Vermessung in den Wasserbehälter versenkt. Die dreidimensionalen Modelle haben eine rotationsellipsoide Form mit kreisförmiger Grundfläche und wurden mittels eines Spezialwerkzeuges hergestellt. Sie tragen die Bezeichnungen GRA 57 und GRA 58. Von jedem Modell wurde die konvexe Form (Wölbung) und die konkave Form (Mulde) reflexionsseismischen Messungen unterzogen.

Die Vermessung erfolgte entlang mehrerer paralleler Linien in Streichrichtung und diente der Bestimmung der Laufzeit des reflektierten Ultraschallsignals. Als Meßmethoden wurden die Sondierung und die Profilierung (Kartierung) angewandt.

Die Resultate der Laufzeitmessungen an den vier Modellen sind als Laufzeitkurven grafisch dargestellt.

Zur Ergänzung der Laufzeituntersuchungen dienen die aus einem Forschungspraktikum entnommenen Amplitudenuntersuchungen an verschiedenen Modellen. Das Hauptaugenmerk liegt hierbei auf den Fokussierungseffekten, die bei der Vermessung konkaver Modelle auftreten.

Parallel zu den Laufzeituntersuchungen durchgeführte Berechnungen am Rechner zu den Modellen GRA 57 und GRA 58 lieferten qualitativ die gleichen Resultate, jedoch wurde der direkte Vergleich auf Grund der noch wenigen vergleichbaren Laufzeitkurven nicht angetreten.

Für folgende Arbeiten ist es nicht nur günstig, ein anderes Modellmaterial zu verwenden, sondern von großer Wichtigkeit ist auch die immer engere Zusammenarbeit mit der EDV. Daraus resultiert nicht nur eine Vergleichsmöglichkeit zu den Modellversuchen, es ergeben sich auch Anforderungen an die Modellbeschaffenheit und an die Genauigkeit der Meßanordnung.

Ein mögliches Untersuchungsobjekt für seismische Laboruntersuchungen sind Mehrschichtmodelle, die etwas näher im Bereich der komplizierten Erdkrustenstruktur liegen, als die in dieser Arbeit verwendeten Einschichtmodelle.

Der Nutzen dieser Arbeit besteht darin, daß die Resultate der Laufzeituntersuchungen einerseits die analog zu den ultraschallseismischen Modellversuchen durchgeführten Berechnungen am Rechner und andererseits die Ergebnisse seismischer Feldmessungen in der Natur stützen können.

Geophys. u. Geol. Geophys. Veröff. d. KMU Leipzig Bd. II H. 3 S. 123–124 Berlin 1981

Thesen zur Diplomarbeit

Untersuchungen zur Ausbreitung elastischer Wellen in geschichteten Medien mit zweidimensionalen Geschwindigkeitsverteilungen unter besonderer Berücksichtigung des Aufbaus der Erdkruste im Südteil der DDR

vorgelegt von E. Apitz

1. Die Arbeit enthält eine Auswertung refraktionsseismischer Untersuchungen im Südteil der DDR. Gleichzeitig werden Algorithmen zur numerischen Bearbeitung von Gradientmedien vorgestellt.
2. Die Strukturuntersuchungen im Südteil der DDR erfolgten über eine Aufstellung der Seismogrammontagen und Korrelation der ersten Welleneinsätze zu Laufzeitkurvenästen. Betrachtet wurden P- und S-Wellen.
3. Die Berechnung der theoretischen Laufzeitdaten erfolgte nach dem Verfahren von Müller und Kind über ein Rechenprogramm.
4. Durch Vergleichen der berechneten Laufzeitkurven mit den beobachteten Laufzeitästen konnten Geschwindigkeitstiefenmodelle ermittelt werden (Lösung des Inversionsproblems).
5. Die gewonnenen Krustenmodelle erfassen einen Tiefenbereich von 5 km. In einer Tiefe von ca. 400 m ist ein Geschwindigkeitssprung der P-Wellen von 3,5 km/s auf Werte zwischen 5,5 und 6,0 km/s ersichtlich.
6. Für den Profilabschnitt zwischen den Schußpunkten 39 und 67 konnte eine Inversionszone in ca. 1,5 km Tiefe gefunden werden.
7. Die Geschwindigkeitstiefenfunktionen sollen einerseits eine geologische Interpretation des untersuchten Gebietes erleichtern. Andererseits dienen sie der Korrektur reflexionsseismischer Untersuchungen.
8. Um eine Aussage über die Elastizität des Mediums ableiten zu können, wurde das Verhältnis von Longitudinal- zu Transversalwellengeschwindigkeit gebildet (v_p/v_s). Für geringe Tiefen wurde der Wert 1,42 gefunden, der annähernd dem unteren Grenzwert dieses Verhältnisses entspricht. Für größere Tiefenlagen schwanken die Werte um den Wert von 3. Für vollkommen elastische Medien gilt: $v_p/v_s = 3$.
9. Für eine weiterführende Auswertung wurde ein Abschätzung der Amplitudenverhältnisse der einzelnen Komponenten gegeben.
10. Das bisherige Programmsystem zur Lösung der direkten seismischen Aufgabe des Wissenschaftsbereiches Geophysik bearbeitet Modelle mit konstanten Schichtgeschwindigkeiten. Die Auswertung realer Modelle hat aber gezeigt, daß Geschwindigkeitsgradienten Berücksichtigung finden müssen. Dies soll mit den in dieser Arbeit entwickelten Subroutinen erreicht werden, die z. Z. in das bisherige DISA-Programmsystem eingebaut werden.
11. Ausgehend von der strahlengeometrischen Methode wurde der Laufweg für Medien mit schichtweise konstanten Gradienten über die zirkulare Näherung bestimmt.
12. Die Laufzeitberechnung erfolgt nach einer von Gebrande 1976 vorgeschlagenen Beziehung.

13. Über die Subroutine GESCHW kann die Berechnung der Geschwindigkeit in jedem Modellpunkt erfolgen.
14. In der Arbeit sind einige Beispiele für Laufweg- und Laufzeitberechnung über die entwickelten Subroutinen für den Zweischichtfall angegeben.
15. Zur Weiterführung der hier begonnenen Untersuchung seismischer Anregungen in Gradientmedien wurden einige Richtungen aufgezeigt.
16. Das Ergebnis dieser Arbeit ist eine neue Qualität der Auswertung und Interpretation seismischer Untersuchungen.

Geophys. u. Geol. Geophys. Veröff. d. KMU Leipzig Bd. II H. 3 S. 125—126 Berlin 1981

Thesen zur Diplomarbeit

Aufbau eines Systems zur elektronischen Integration von Meßwertgeberspannungen im Millivoltbereich mit anschließender EDV-gerechter Speicherung stündlicher Integralwerte

vorgelegt von TH. MORITZ

1. Zielstellung der Diplomarbeit ist es, das genannte System für einen routinemäßigen Betrieb einsetzbar aufzubauen. Die Spannungen im Millivoltbereich werden im konkreten Anwendungsfall von Strahlungsmeßgeräten (Pyranometern) geliefert. Es soll bei der Auswertung dieser Strahlungsdaten in erster Linie der Arbeitsaufwand bezüglich der bisher angewandten Integrationsmethode verringert werden. Weiterhin ist eine Erhöhung der Genauigkeit der elektronischen Integration gegenüber der konventionellen Integrationsmethode anzustreben. Somit ist es möglich, bei Vergleichen gleichzeitig registrierter Integralwerte verschiedener Meßstellen den subjektiven Fehler einer Auswertung weitgehend auszuschalten. Um zu einer Aussage über den Fehler der elektronischen Integration zu kommen, sind Fehlerermittlungen am Integrator durchzuführen. Diese sind mit Fehlerabschätzungen, die am bisher angewandten Integrationsverfahren durchgeführt wurden, zu vergleichen.
2. Um die Zielstellung der Diplomarbeit zu erfüllen, wurden die Entwicklung, der Aufbau und die Erprobung einer Integratorschaltung, die in ihren Eigenschaften der unter 1. genannten Verkleinerung des Integrationsfehlers gerecht wird, durchgeführt. Da die Anfangsbedingung am Integrator nach einem Integrationszeitintervall wieder hergestellt werden muß, war eine Integrations-C-Entladevorrichtung zu konstruieren und aufzubauen.
3. Es erwies sich als günstig, zur Verringerung des relativen Fehlers den Integrator über einen Vorverstärker zu betreiben. Dieser Vorverstärkerbetrieb ist aus technischen Gründen nur in einem Eingangsspannungsbereich von 0,1—2 mV möglich. Deshalb steuert eine Vorverstärker-Zuschalteinrichtung den Vorverstärker in definierten Zeitintervallen, in denen die genannte Eingangsspannung anliegt. Die Steuerung erfolgt mit Zeitpunktsignalen des Digitalen Zeitgebersystems des VEB Funkwerk Erfurt.
4. Nach der Fertigung des benötigten stabilisierten Netzteils wurden beim Musteraufbau die vier Baugruppen „Integratorgruppe", „Integrations-C-Entlade-Vorrichtung", „Vorverstärker-Zuschalteinrichtung" und „Netzteil" zum Systemglied „Integrationseinheit" zusammengefaßt.
5. Es sollen zwei Strahlungsgrößen (Global- und Himmelstrahlung) integriert werden. Somit liegen immer zwei stündliche Integralwerte vor, und es ist eine Meßstellenumschaltung für die Abfrage erforderlich. Die Meßstellenumschaltung, die Erfassung, die Digitalisierung und die Speicherung der Integralwerte sowie die zeitliche Steuerung dieser Funktionsabläufe werden vom Digitalen Meßwerterfassungssystem (ESDM 31) des VEB Funkwerk Erfurt übernommen. Für dieses Meßwerterfassungssystem wurde eine Verkettung für die Informations- und Steuersignale erarbeitet. Weiterhin erfolgten notwendige Funktionseinstellungen (Programmierungen) an diesem System.

6. Anschließend an den Aufbau des Gesamtsystems „Integrationseinheit-ESDM 31“ wurden die unter 1. genannten Fehlerermittlungen an der Integratorschaltung durchgeführt. Es folgte der Vergleich dieser Fehler mit der Fehlerabschätzung bezüglich der konventionellen Integrationsmethode (manuell/visuelle Auswertung). Für die Fehler der elektronischen Integration ergab sich für Spannungen größer als 2 mV ein durchschnittlicher Fehler von 2,5%. Es wurde somit in diesem Spannungsbereich eine Verkleinerung des Fehlers um ca. 1% erzielt. Im Spannungsbereich von 0,1—2 m/V traten Schwierigkeiten beim routinemäßigen Aufbau der Vorverstärker-Zuschalteinrichtung auf. Die Beseitigung dieser Probleme könnte den Anschluß für eine weiterführende Arbeit darstellen.

Geophys. u. Geol. Geophys. Veröff. d. KMU Leipzig Bd. II H. 3 S. 127–129 Berlin 1981

Thesen zur Diplomarbeit

Spezielle Untersuchungen der Radioaktivität von Gesteinen, Wässern, Bodenproben und Aerosolen durch Messung der natürlichen γ-Strahlung

vorgelegt von G. Just

1. Die natürliche Radioaktivität der Erdkruste wird seit vielen Jahren zur Interpretation geologischer Prozesse, deren Vielfalt von den Theorien der Erdentstehung bis zur rezenten Lagerstättenbildung reicht, herangezogen. Quantitative Analysen von Thorium, Uran, Radium und Kalium, die mittels Quantenspektroskopie möglich sind, können nur in einigen speziell eingerichteten Laboratorien mit der erforderlichen Genauigkeit durchgeführt werden.
2. Für die in der DDR hergestellten Analysatorsysteme (VEB Meßelektronik „Otto Schön", Dresden) und die im ZfK Rossendorf als Eigenbau vorhandenen Spektrometer werden Meß- und Auswertevorschriften behandelt, die auch für die Importanlagen im SAAS (Berlin) und an der KMU (Leipzig) angewendet werden können.
3. Im Falle von Störungen des radioaktiven Gleichgewichtes innerhalb der Zerfallsketten ^{238}U–^{226}Ra bzw. ^{232}Th–^{228}Ra–^{228}Th–^{224}Ra wird auf der Basis von Neutronenaktivierungsanalysen und der Anwendung von hochauflösenden Ge(Li)-Halbleiterdetektoren eine Möglichkeit zur quantitativen Bestimmung vorgestellt. Damit lassen sich Migrationsprozesse, die in der Geochemie vor allen Dingen von ^{234}U, ^{226}Ra und ^{228}Ra begründet sind, genauer als bisher erfassen.
4. Um eine günstige Relation zwischen zeitaufwendigen, dafür aber sehr exakten Laboruntersuchungen und den üblichen Registriermethoden im Gelände, die heute mit Flugzeug, Auto oder zu Fuß auf der Basis von transportablen γ-Spektrometern bzw. integral registrierenden Meßeinheiten zur Anwendung kommen, zu finden, wird am Beispiel der Braunkohlenerkundung eine komplexe Untersuchung vorgestellt.

   Dabei soll die Migration von Radium entlang von Störungszonen als Indikator dienen. Das bearbeitete Beispiel zeigt kein ausgeprägtes Maximum; die erreichte Meßgenauigkeit dokumentiert die in der verwendeten Analysenmethode vorhandenen Möglichkeiten.

   Die am Beispiel einer radiometrischen Böschungskartierung im Tagebau vorgestellte integral registrierende und transportable Meßeinheit weist darauf hin, wie im komplexen Einsatz die Entnahme von Proben für spezielle Laboruntersuchungen optimiert werden kann.
5. Zur Klärung der Ursachen sekundärer γ-Anomalien in fördernden Erdgassonden wurden mitgerissene feste Partikel und verschiedene Schichtwässer untersucht. Analog der Migration von ^{226}Ra im Druckgefälle von tektonischen Störungszonen (Lauterbach) konnte nachgewiesen werden, daß es unter den physiko-chemischen Bedingungen während des Abbaus der Lagerstätte zur Anreicherung von ^{226}Ra und ^{228}Ra in den Wässern (hohe Salinität) und im Bereich der Verrohrung zur teilweisen Ausscheidung kommt. Uran und Thorium konnten in Bohrkernen nur in

normalen Konzentrationen vorgefunden werden, wurden in den Wässern nur relativ gering angereichert und setzten sich auch in sekundären Abscheidungen nicht nachweislich an. Nach erfolgter Klärung der ablaufenden Vorgänge werden in der Praxis in zunehmendem Maße radiometrische Bohrlochmessungen zur Abbaukontrolle angesetzt.

6. Radiometrische Untersuchungen an magmatischen Gesteinen aus dem Südteil der DDR wurden in der Vergangenheit durchgeführt. Für spezielle geochemische Untersuchungen zum Verhalten von Thorium und Uran während des Ablaufes magmatischer Prozesse innerhalb der Erdkruste sind quantitative Bestimmungen mit möglichst hoher Genauigkeit ebenso von Bedeutung, wie für die Bestimmung der radioaktiven Wärmeproduktion, die als petrophysikalischer, international vergleichbarer Wert zur Zeit immer mehr an Bedeutung gewinnt.
7. Während im Harz verschiedene Diabase und Keratophyre untersucht wurden, lag in der Lausitz, dem Erzgebirge und in Thüringen der Schwerpunkt bei der Untersuchung tertiärer basischer Vulkanite, die als Basalte, basaltoide Gesteine, Phonolithe und verschiedene phonolithoide Gesteine vorkommen. Neben Thorium und Uran wurden die Gehalte an Kalium bestimmt und diese Werte zur Berechnung der radiogenen Wärmeproduktion herangezogen. Zum Vergleich wurden Hüllmaterialien wie Glimmerschiefer, Gneise, Granite und Amphibolithe bevorzugt im Erzgebirge parallel zu den tertiären Vulkaniten untersucht.
8. Bei der Betrachtung der Bilanz für Thorium, das selbst in der Endphase einer magmatischen Differentiation (im Gegensatz zu Uran) nur geringfügig verändertes geochemisches Verhalten aufweist, und der Werte für die radiogene Wärmeproduktion fällt bei der vergleichenden Betrachtung der basischen Materialien ein Ansteigen im Verlaufe der Krustenentwicklung auf. Von Diabasen (Rhenoherzynikum) mit ultrabasischen Kennziffern (Th und U kleiner 0,1 ppm) über Diabase und Keratophyre, die gemeinsam mit einigen tertiären Basalten typische Konzentrationen ozeanischer Basalte aufweisen, verläuft die Entwicklung in Richtung des Auftretens kontinentaler basaltoider Magmen mit Gehalten von ca. 8 ppm Thorium und 2,5 ppm Uran. Eine Sonderstellung bilden verschiedene Störungszonen, in deren Bereich es zur Bildung von verschiedenen Lagerstätten gekommen ist. Hier sei der Oberwiesenthaler Eruptivstock genannt, der in enger Verbindung mit der Tiefenstörung von Gera—Jachymov steht und basaltoide Gesteine mit mehr als 18 ppm Th aufweisen kann. Damit werden die Mittelwerte granitoider Gesteine für die Erdkruste durch basische Magmen erreicht.
9. Von den untersuchten einhüllenden Gesteinen, die hier für eine Assimilation in Frage kommen, wurden in *keinem* Fall die Thoriumkonzentrationen einiger Basaltoide erreicht. Selbst Granite, die am Beispiel von Oberwiesenthal (kopfgroßer Einschluß im Schlot), Schönberg, Zschorlau und Aue untersucht worden sind, weisen geringe bzw. normale Gehalte auf, die in der angegebenen Reihenfolge bei 4,9 ppm, 4,6 ppm, 7,8 und 18,0 ppm liegen.
10. Für den Ansatz von geothermischen Modellierungen, die zur Verbesserung der Interpretation oberflächengeophysikalischer Messungen und zur Klärung von das Wärmeregime aus geologischer und geophysikalischer Sicht betreffenden allgemein interessierenden Fragen zur Zeit durchgeführt werden, müssen für die einzelnen Tiefenbereiche *möglichst* reale Werte der radiogenen Wärmeproduktion zur Verfügung stehen. Daher wird es erforderlich sein, im Sinne von Rybach die Radioaktivität im

Kern der Granitplutone aus speziellen radiometrischen Messungen und geochemichen Betrachtungen einschätzen.

11. In diesem Zusammenhang verdient die Suche nach den Quellen der radioaktiven Elemente in verschiedenen basischen Magmatiten weitere Aufmerksamkeit. Assimilation in relativ oberflächennahen Bereichen der Kruste kann für das Erzgebirge auf Grund der vorliegenden ersten Ergebnisse nicht angenommen werden. Differentiationsprozesse, die zu speziellen basischen Magmenentwicklungen führen, werden bereits durch das Auftreten der Phonolithe, die mit Abstand die höchsten Thoriumkonzentrationen (bis 28 ppm im Westerzgebirge und bis 39 ppm in der Lausitz) aufweisen, signalisiert.

12. An einigen Gesteinsproben wurden weitere petrophysikalische Untersuchungen durchgeführt, die besonders einen von Rybach postulierten Zusammenhang zwischen der Geschwindigkeit seismischer Wellen (V_p) und der radiogenen Wärmeproduktion (A) für die Verhältnisse im Südteil der DDR überprüfen sollten. Es wurde festgestellt, daß basaltoide Gesteine in der Regel im Korrelationsdiagramm V_p/A eine Einordnung in die Differentiationsfolge Granit—Syenit—Diorit—Gabbro—Peridotit zulassen, aber im Vergleich zu den Mittelwerten der Erdkruste das Feld der Diorite einnehmen. Ausnahmen, die sich nicht einordnen lassen, weisen in allen Fällen abnorme Urankonzentrationen auf (d. h., das Verhältnis Th/U liegt nicht zwischen 3 und 4, sondern zwischen 1 und 2) und repräsentieren nicht das untersuchte Kollektiv.

    Wenn diese Betrachtungen für Granitplutone durchgeführt werden könnten, wäre es eine Möglichkeit, aus seismischen Messungen die radiogene Wärmeproduktion im Untergrund abzuschätzen und über geothermische Modellrechnungen die Ergebnisse der Interpretation tiefenseismischer Messungen, besonders der Problematik von Geschwindigkeitsinversionen, nutzbar zu machen.

13. Bei gammaspektrometrischen Messungen unter Verwendung von hochauflösenden Ge(Li)-Halbleiterdetektoren lassen sich nicht nur Gleichgewichtsuntersuchungen an geologischen Materialien, sondern auch selektive Messungen der Gammaaktivität im atmosphärischen Schwebestaub durchführen. Hochauflösende gammaspektrometrische Messungen an Proben von Filterstaub des Universitätskomplexes Karl-Marx-Platz (unter Umständen stehen mehrere 100 Gramm Probenmaterial zur Verfügung) erlauben wenige Stunden nach der Probenentnahme exakte Angaben über die natürlichen Radionuklide, die induzierten und künstlichen Radionuklide und bei Bedarf über die Zufuhr von frischen Spaltprodukten, die ihre Ursache in Kernexplosionen innerhalb der Atmosphäre haben.

14. Aus den Intensitäten einiger Spaltprodukte läßt sich der Zeitpunkt der verursachenden Kernexplosion innerhalb weniger Stunden ermitteln. Die üblichen Methoden verlangen chemische Separation bzw. das Abklingen der Gammastrahlung von ^{212}Pb bzw. ^{214}Pb als Folgeprodukt der Radonaktivität der Atmosphäre. Besonders geeignet zeigten sich die Isotope ^{141}Ce und ^{144}Ce, deren Gammaübergänge durch keine natürlichen Aktivitäten überlagert werden.

15. Die beschriebenen quantitativen Untersuchungen an Gesteinen, Wässern, Bodenproben und Aerosolen zeigen die Leistungsfähigkeit der zur Zeit vorhandenen kernphysikalischen Meßtechnik und weisen auf eine Reihe von Anwendungsmöglichkeiten hin, die noch nicht in allen Fällen von der Erkundungspraxis im Bereich der geologischen Wissenschaften vollständig in die Planung der zukünftigen Aufgaben integriert worden sind.

Geophys. u. Geol. Geophys. Veröff. d. KMU Leipzig Bd. II H. 3 S. 131–132 Berlin 1981

Thesen zur Diplomarbeit

Untersuchungen der Radioaktivität von Gesteinen des St. Gotthard-Tunnel-Profils durch Messung der natürlichen Gamma-Strahlung

vorgelegt von U. Schreiter

1. Die quantitative Bestimmung radioaktiver Nuklide in Gesteinen der Erdkruste wird seit vielen Jahren zur Interpretation geologischer Prozesse, von den Theorien der Erdentstehung bis zu radioaktiven Altersbestimmungen, herangezogen. Eine ihrer wichtigsten Methoden ist die Messung der Strahlungsintensität.
2. Durch mehrere Tunnelgeologen wurden während des Baus des St. Gotthard-Eisenbahntunnels (1872–1882) Sammlungen von Handstücken angelegt. Die Handstücke der im Wissenschaftsbereich Geophysik vorhandenen Sammlung wurden durch gründliches Sortieren und durch neue Numerierung wieder wissenschaftlichen Untersuchungen zugänglich gemacht.
3. Der St. Gotthard-Tunnel durchquert einen Teil des Aarmassivs und das St. Gotthardmassiv zwischen Airolo und Göschenen. Bei beiden Massiven existiert ein von Nord nach Süd fortschreitender Zonenbau. Während das Aarmassiv einen aufgeschlossenen einheitlichen variskischen Zentralintrusivkörper, den zentralen Aargranit, besitzt, existieren im St. Gotthardmassiv nur mehrere kleinere, an der Erdoberfläche voneinander getrennte Granitstöcke, von denen keiner durch die Tunnellinie angeschnitten wird. Es wurde versucht, den beschriebenen Zonenbau auf die Tunnelgesteine anzuwenden.
4. Es wurden erste Untersuchungen an den Handstücken auf die Gehalte von Uran, Thorium und — soweit es möglich war — Kalium durchgeführt. Prinzipiell kann man diese Elemente in allen Gesteinen finden. Von Lagerstätten abgesehen, kommen Uran und Thorium in größeren Konzentrationen vor allem in Verbindung mit granitischen Gesteinen vor. Die Minerale, die von diesen Elementen gebildet werden oder in denen sie in größeren Konzentrationen auftreten können, tragen fast immer akzessorischen Charakter. Kalium dagegen ist Bestandteil wichtiger gesteinsbildender Minerale. Während Uran und Thorium meist in Größenordnungen von ppm in Gesteinen enthalten sind, kommt Kalium im Bereich von Prozenten vor.
5. Die gammaspektrometrischen Untersuchungen wurden mit Hilfe einer NaJ (Tl)-Szintillationssonde SKW-1 (ČSSR) und eines VA-V-100-Analysatorsystems vorgenommen. Diese Geräte sind vom Hersteller ursprünglich nicht zur Messung so geringer Aktivitäten, wie sie hier vorliegen, vorgesehen.

   Zur Bestimmung des Urangehaltes wurden integrale Zählungen und für den Kaliumgehalt differentielle Zählungen genutzt. Der Thoriumgehalt konnte mit beiden Methoden ermittelt werden. Zusätzlich wurden die Massen und Dichten der Proben bestimmt.
6. Durch den sehr hohen Nulleffekt im Vergleich zu den Zählraten der Proben wird der rein statistische Fehler der Einzelmessungen sehr groß. Das wirkt sich besonders auf den Fehler des Urangehaltes aus. Die genaueste Bestimmung gelang aus diesem Grunde am Kaliumgehalt.

Aus Gründen der Probenzahl, des zerstörungsfreien Arbeitens, der Mengenbeschränkung und der Zeitbeschränkung war es nicht möglich, größere Genauigkeiten zu erreichen.

Die Mittelwertbildung innerhalb einer Gesteinsart aus den Gehalten verschiedener Proben kann als Mehrfachmessung betrachtet werden. Die Mittelwerte weisen also einen in Abhängigkeit von der Probenzahl weitaus geringeren Fehler auf als die Einzelwerte.

7. Es wurde versucht, den von Rybach und Hafner untersuchten Hauptgesteinen der Paßstraße oberhalb des Tunnels gleichartige Gesteinsschichten in der Tunnellinie gegenüberzustellen. Die auffallende gute Übereinstimmung der (U + Th)-Werte für den zentralen Aargranit und die doch größeren Abweichungen der Werte für das St. Gotthardmassiv belegen hierbei die Bemerkung (Rybach und Hafner) über die Nichtkorrelierbarkeit der Geologie und Petrographie der Paßstraße mit den alten Tunnelaufnahmen (Staff).
8. Für den Ansatz von geothermischen Modellierungen zur Klärung des Wärmeregimes in der Erdkruste gewinnt die Bestimmung der radiogenen Wärmeproduktion auch als internationale Vergleichsgröße an Bedeutung. Für einige Gesteinsarten verschiedener Gebiete wurden die Wärmeproduktionsraten berechnet. Besonders auffällig ist die annähernd lineare Abhängigkeit der Wärmeproduktionsraten von der Dichte des Gesteins.
9. Die Ermittlung der radiogenen Wärmeproduktion der am häufigsten auftretenden Gesteine ist auch als Voraussetzung für weiterführende Untersuchungen an der Sammlung zu sehen, Hingewiesen sei vor allem auf den Zusammenhang mit anderen petrophysikalischen Größen, wie der seismischen Geschwindigkeit und der Dichte (Rybach, Werner, Mueller, Berset). Gerade unter dem Gebiet der Schweizer Zentralalpen (schweiz. Geotraverse), also auch unter dem St. Gotthardmassiv, befindet sich eine Inversionszone der Dichte und seismischen Geschwindigkeit, die eine zentrale Rolle in der Interpretation des Temperaturfeldes, der Struktur und der Bewegung der Erdkruste spielt.

Geophys. u. Geol. Geophys. Veröff. d. KMU Leipzig Bd. II H. 3 S. 133–134 Berlin 1981

Thesen zur Diplomarbeit

Trübungsmessungen in der atmosphärischen Bodenschicht mit Laserlicht – Aufbau und Erprobung einer Meßstrecke

vorgelegt von G. Paap

Die Bestimmung der atmosphärischen Extinktion erfolgt in der Regel mit Hilfe von Aktinometermessungen. Besonders bei Untersuchungen in der atmosphärischen Bodenschicht weist dieses Verfahren entscheidende Mängel auf. Um diese zu umgehen, wurde eine Meßstrecke aufgebaut, auf der die Extinktionsbestimmung mit Hilfe von Laserlicht erfolgt. Die Meßstrecke wurde im Stadtzentrum von Leipzig errichtet, um repräsentative Aussagen auf diesem Gebiet zu ermöglichen.

Die Eignung des Verfahrens wurde durch eine Reihe von Probemessungen untersucht und die Meßergebnisse diskutiert. Es werden einige Vorschläge zur Verbesserung und Erweiterung der Lasermeßstrecke dargelegt. Auf Grund einiger spezifischer Eigenschaften kann die Meßstrecke für Untersuchungen genutzt werden, die über die Extinktionsmessungen hinausgehen.

1. Trotz sehr geringer Strahldivergenz, die eine lange Meßstrecke ermöglicht, kommt es zu einer Reihe meßtechnischer Schwierigkeiten bei der Registrierung des am Empfangsort eintreffenden Laserstrahles. Diese werden überwiegend durch die räumliche Fluktuation verursacht.

2. Die räumliche Fluktuation beruht auf mehreren Ursachen. Sie kann insgesamt vermindert, nicht aber beseitigt werden.

3. Die turbulenzbedingte Fluktuation ist bei aufgelockerterer Bewölkung am ausgeprägtesten.

4. Eine nähere Untersuchung der Strahlfluktuation kann neue Erkenntnisse über die atmosphärischen Turbulenzen liefern.

5. Die derzeitige Verwendung eines sphärischen Spiegels, mit dem der ankommende Laserstrahl auf das Fotoelement abgebildet wird, stellt noch keine befriedigende Lösung dar, da der Spiegel auf Grund seiner geringen optischen Güte einen relativ großen Meßfehler bewirkt.

6. Die Leistungsdichte des Laserstrahles reicht aus, um die bisherige Messung der Intensität des direkten Lichtstrahles durch eine Streulichtmessung zu ersetzen bzw. zu ergänzen. Bei der Streulichtmessung verringern sich die fluktuationsbedingten meßtechnischen Schwierigkeiten.

7. Zur Verbesserung bzw. Erweiterung der Lasermeßstrecke bieten sich die Modulation des Laserstrahles mit einem Schwingspiegel sowie ein Meßverfahren auf optoakustischer Grundlage besonders an.

8. Die Meßstrecke eignet sich für den Dauerbetrieb mit kontinuierlicher Meßwerterfassung durch einen MK-Schreiber.

9. Die Probemessungen ergaben eine hohe Nachweisempfindlichkeit der Lasermeßstrecke.

10. Die ermittelten Trübungsfaktoren liegen in realen Bereichen. Die Auswertung der Probemessungen zeigte eine prinzipiell sehr gute Eignung von Laserlicht für Extinktionsmessungen.

Geophys. u. Geol. Geophys. Veröff. d. KMU Leipzig Bd. II H. 3 S. 135 Berlin 1981

Thesen zur Diplomarbeit

Konzeption und erster Versuchsaufbau eines optischen Partikelzählers

vorgelegt von W. Lange und E. Bretschneider

Zur qualitativen Erfassung von Luftverunreinigungen und deren Auswirkungen auf die Strahlungs- und Energieprozesse in der Atmosphäre stellt die Untersuchung des Aerosols natürlichen und anthropogenen Ursprungs eine notwendige Voraussetzung dar. Die Bestimmung des Staubgehaltes der Luft, d. h. des Anteils von festem (und flüssigem) Aerosol, ohne Bezugnahme auf dessen stoffliche Zusammensetzung, ist eine Angelegenheit der Physik, aus deren verschiedenen Teilgebieten eine große Zahl von Methoden der Staubanalyse entwickelt wurden. Dabei werden die gerätetechnischen Möglichkeiten ständig vervollkommnet und erweitert. Ausgehend von diesen Feststellungen werden folgende Aussagen getroffen:

1. Für die Staubanalyse existieren im wesentlichen zwei Methoden: die direkte und indirekte Bestimmung des Staubgehaltes. Zu den direkten Verfahren gehören die gravimetrischen und mikroskopischen Methoden. Bei den indirekten Verfahren wird eine Hilfsgröße gemessen, die das Ergebnis liefert.
2. Die Partikelzählung nach dem Streulichtverfahren ist eine indirekte Methode zur Bestimmung des Staubgehaltes. Bei diesem Verfahren wird durch die Messung des von einem Teilchen ausgehenden Streulichtstroms Q bei bekannter Abhängigkeit $Q = Q(d)$ die Teilchengröße d bestimmt. Gleichzeitig ist eine Zählung der Teilchen möglich.
3. Die Bestimmung von Teilchengröße und -konzentration auf der Grundlage des Streulichtverfahrens findet in den optischen Partikelzählern Anwendung.
4. Anknüpfend an die Erkenntnisse der Literaturauswertung wird die eigene Konzeption eines optischen Staubteilchenzählers vorgestellt und die einzelnen Baugruppen und Systeme werden erläutert.
5. Dieser Staubteilchenzähler, der zunächst nur als Versuchsaufbau hergestellt wurde, besteht aus dem optischen System, wozu Laser, Adapter, Linsengruppen zur Strahlfokussierung, Streukammer und Lichtfalle gehören, dem Luftumwälzsystem, wozu Pumpen, Filter, Düse und Ventile zählen, sowie dem elektronischen System, welches aus dem Sekundärelektronenvervielfacher (SEV) mit Stromversorgung und einer elektronischen Auswerteeinrichtung für die erhaltenen Streulichtimpulse besteht. Aus terminlichen Gründen konnte die Auswerteeinrichtung im Versuchsaufbau noch nicht verwirklicht werden.
6. Der konzipierte optische Partikelzähler zeichnet sich durch einen relativ einfachen Aufbau und durch eine günstige Auswahl der Parameter aus, mit denen maximale Informationen über Partikelverteilungen zu erreichen wären.
7. Aus den gewonnenen Erkenntnissen heraus werden einige Hinweise zur Weiterführung und Verbesserung der Anlage gegeben.

Geophys. u. Geol. Geophys. Veröff. d. KMU Leipzig Bd. II H. 3 S. 137 Berlin 1981

Thesen zur Diplomarbeit

Experimentelle Untersuchungen und Modellrechnungen zur Bestimmung von Partikelgrößenverteilungen in der atmosphärischen Bodenschicht aus spektralen Extinktionsmessungen

vorgelegt von R. DECKER

1. Die optischen Eigenschaften der atmosphärischen Bodenschicht werden in dieser Arbeit ausgenutzt, um Aussagen über die strukturelle Zusammensetzung des atmosphärischen Aerosols in dieser Schicht und ihre geometrische Ausdehnung vornehmen zu können. Zu den optischen Eigenschaften zählt in erster Linie die Extinktion.
2. Aus spektralen Intensitätsmessungen der direkten Sonnenstrahlung ergibt sich der Partikelextinktionskoeffizient. Durch Inversion der Integralgleichung für die Partikelextinktion wird die Partikelgrößenverteilung bestimmt.
3. Sowohl die gemessenen Extinktionsspektren, als auch die Partikelgrößenverteilungen weisen tageszeitliche und tägliche Schwankungen auf. Diese sind auf veränderte meteorologische und anthropogene Bedingungen zurückzuführen. Alle Partikelgrößenverteilungen stimmen mit den in der Literatur angegebenen in etwa überein. Vergleichsmessungen außerhalb Leipzigs zeigten, daß diese Partikelgrößenverteilungen sich von denen des Stadtgebietes durch ihre Partikelzahl für die einzelnen Radienklassen unterscheiden.
4. Durch Modelluntersuchungen wurde die Brauchbarkeit des verwendeten Lösungsverfahrens getestet. Es konnte gezeigt werden, daß das Lösungsverfahren eine brauchbare Abschätzung der Partikelgrößenverteilung liefert. Eine Verbesserung durch Verwendung einer quadratischen Kernmatrix wurde nicht erreicht. Die Genauigkeit des verwendeten Lösungsverfahrens wächst mit zunehmender Spektrenlänge.
5. Eine Abschätzung der Höhe der bodennahen Dunstschicht aus spektralen Extinktionsmessungen ist möglich. Für die in Leipzig untersuchten Tage ergibt sich eine Höhe von 320 m im Mittel.

Geophys. u. Geol. Geophys. Veröff. d. KMU Leipzig Bd. II H. 3 S. 139–140 Berlin 1981

Buchbesprechung

O. Kulhánek

Introduction to Digital Filtering in Geophysics
Elsevier Scientific Publishing Company,
Amsterdam—Oxford—New York 1976,
168 Seiten, 32 Abb., 5 Tab., 235 Lit.

Mit dem vorliegenden Band 8 der Elsevier-Serie „Developments in Solid Earth Geophysics" wird die gute Tradition der leicht faßlichen Darstellung mathematisch-physikalischer Grundlagen der Geophysik fortgesetzt. Dies ist um so erfreulicher, da es sich bei Fragen der digitalen Filterung um einen Problemkreis handelt, mit dem wohl in unserer Zeit fast jeder Naturwissenschaftler in irgendeiner Form in Berührung kommt. Gerade der in der Regel mit großen Datenmengen konfrontierte Geophysiker wird daher gern zu einer solchen Einführung greifen wollen. Daß er im vorliegenden Falle nicht enttäuscht sein wird, liegt vor allem am klaren konzeptionellen Aufbau des Buches und der übersichtlichen Darstellung des insgesamt sehr umfangreichen und sicher wohl auch anspruchsvollen Untersuchungsgegenstandes.

Der Autor, Professor für Seismologie an der Universität Uppsala, Schweden, versteht es, durch Verzicht auf schwierige mathematische Herleitungen die Signal/Rausch-Analyse als Grundanliegen der digitalen Datenfilterung herauszuarbeiten, die wichtigsten Filtertechniken vorzustellen und durch ergänzende, seismologisch orientierte Anwendungsbeispiele zu verdeutlichen. Kapitel 1 widmet sich den grundlegenden Beziehungen der Signalbearbeitung im Zeit- und Frequenzbereich einschließlich der Analog/Digital-Wandlung. Kapitel 2 hat die Wirkprinzipien digitaler Filter zum Gegenstand (nichtrekursive Filter, rekursive Filter, Pole-Zero-Technik, phasenverzerrungsfreie Filter, Quantisierungsfehler). Kapitel 3 diskutiert die hinsichtlich ihrer Wirkungsweise wesentlichsten Filtertypen: Tiefpaß-, Hochpaß- und Bandpaß-Filter (u. a. nach Ormsby, Martin-Graham, Butterworth, Chebyshev).

Kapitel 4 enthält Betrachtungen zu Korrelations-, Optimal- und Polarisationsfiltern. Kapitel 5 erläutert die Prinzipien der Deconvolutionsfilterung, und schließlich werden in Kapitel 6 die wichtigsten mehrdimensionalen Filterverfahren, insbesondere die Geschwindigkeitsfilterung, vorgestellt.

Hinsichtlich der gezeigten Anwendungsbeispiele beschränkt sich der Autor auf seismologische Probleme. Eine stärkere Einbeziehung der geophysikalischen Potentialverfahren (Gravimetrie, Magnetik) wäre dem Titel des Buches sicher besser gerecht geworden. Ebenso hatte der Autor nach seinen eigenen Worten nicht die Absicht, fertige Computer-Programme beizugeben. Der an einer praktischen Nutzung Interessierte würde sich aber dennoch eine gezieltere numerische Aufarbeitung der diskutierten Algorithmen in Richtung auf eine rechentechnische Umsetzung wünschen.

Das Buch wendet sich an den mit digitalen Bearbeitungsverfahren noch weniger Geübten. Jedoch auch für den erfahrenen Praktiker auf diesem Gebiet dürfte die vorliegende Monographie ein gutes Nachschlagwerk sein. Bei der Vielzahl der in letzter Zeit entwickelten Filtervarianten eine vernünftige Auswahl getroffen zu haben, spricht für eine gute „Filtertechnik“ des Autors auch auf didaktischem Gebiet. F. Jacobs